CLASSIC
WINERY TOUR
in
SPAIN & PORTUGAL

西班牙與葡萄牙
經典酒莊巡禮

探訪千年葡萄酒產區、品味醇美名酒
一場微醺的酒食·人文之旅

著

José María Vicente Pradas、許家銘 —— 著

金鑫、馮丞云、陳伊莎 ——譯

CONTENIDO 目錄

西班牙區 〜 SPAIN

產區 1

悠久歷史的葡萄酒產地──多羅 Toro

產區 2

河岸沃土培育而成──杜羅河岸 Ribera del Duero

產區 3

古老又頂級的葡萄酒產地──里奧哈 Rioja

產區 6

多樣化的豐富產地——瓜迪亞納 Guadiana

產區 7

悠久歷史的葡萄酒產地——赫雷斯雪莉酒產區 Jerez-Xeres-Sherry

葡萄牙區 📖 PORTUGAL

產區 8

征服年輕消費者味蕾——綠酒葡萄酒產區 Vinho Verde

産區 9

名揚全球的紅酒產區──波爾圖

産區 10

轉型復興葡萄酒產業──阿連特茹

本書導覽

　　西班牙，每年需要款待來自世界各地 650 萬名左右的旅客，是全世界接待旅客最多的國家之一，它的悠遠文化、宜人氣候、豐富飲食、以及天然的美景，無疑都讓西班牙成爲背包客或是一般旅行者最喜歡的旅遊地點之一，這裡有多樣式的旅遊項目與豐沛的自然美景，絕對能夠滿足全世界旅客的各種需求。

　　在這本書中，我們精選了十個分佈在西班牙以及葡萄牙各地的葡萄酒產地，希望能夠給想要了解西班牙或葡萄牙的讀者帶來旅行上的幫助與實質建議，葡萄酒的品質與種植方式、地理環境以及加工釀造的過程有著莫大的關聯，每個原產地所釀造出的葡萄酒品質都不盡相同，本書將透過淺顯易懂的方式，帶領讀者去了解西班牙、葡萄牙以及整個伊比利半島各個不同的葡萄酒產區，並且發掘出各自獨特的風味以及特色。

　　近幾年來，遊覽葡萄酒莊的旅行方式越來越受到人們的青睞，在西班牙，每年從各區葡萄酒莊、以及酒莊周邊所帶來的遊客已經超過數百萬人次。

　　在西班牙跟葡萄牙，已經有超過 50 間跟葡萄酒有關的博物館或旅遊中心相繼問世，有些比較著名的葡萄酒博物館，例如在 Ribera del Duero 地區的 Peñafiel 城堡 (Valladolid) 裡的葡萄酒博物館；在 La Rioja Alavesa 的 Villa Lucía 葡萄酒博物館；VINSEUM (Museu de les Cultures del Vi de Catalunya) 位於加泰隆尼亞 Villafranca del Penedés 區的葡萄酒文化博物館；馬拉加葡萄酒博物館 (El Museo del Vino de Málaga)；位於西班牙加利西亞自治區的坎巴多斯 (Cambados)

的 Albaniño 紅酒博物館或是位於 Cádiz 盛產雪莉酒的 Jerez 之謎 (El Misterio de Jerez)。

而在葡萄牙方面，較爲著名的葡萄酒博物館有位於 Alcobaça (Leiria 省) 的國家葡萄酒博物館 (El Musco Nacional del Vino en Alcobaça)；波爾多葡萄酒博物館 (El Museo del Vino de Oporto)；Madeira Wine Company 公司的葡萄酒博物館 (El Musco dc Madcira Wine Company) 以及 Madalena Isla del Pico 地區 (Las Azores 半島) 的葡萄酒博物館。

總之，本書將藉由追尋葡萄酒的蹤跡，進而引領我們走遍西班牙以及葡萄牙境內不同區域，並且探索各區獨特的文化魅力，讀者們可以根據本書內容選擇感興趣的區域，或是跟隨直覺挑選自己喜愛的地區安排行程，無論是微風徐徐群山環繞的山區秘境，或是艷陽高照渡假風情濃厚的沿海地區，讀者一定可以在本書找到吸引你的地方！

西班牙與葡萄牙有著豐富而深遠的歷史遺產以及旅遊資源，選定好時間，爲自己安排一場旅行吧，相信西班牙絕對會讓你有賓至如歸的感受。

早在幾個世紀以前，葡萄酒在西班牙和葡萄牙的社會就佔有相當重要的歷史地位，而在最近幾十年，葡萄酒的價值越來越被人們所重視，如今從台灣、中國到美國，葡萄酒早就廣爲人知並且將其視爲生活的美好品味，而本書將圍繞著葡萄酒這個主題，帶領讀者去認識西班牙與葡萄牙境內的酒莊秘境！

西班牙與葡萄牙的
葡萄酒現況

　　根據 2014 年的數據統計，從西班牙出口的葡萄酒以及葡萄汁的數量爲 21 億 7000 萬公升，是世界上相當重要的供應商，出口產值爲 25 億 240 萬歐元，位居世界第三。

　　在 2016 年的第一季，中國和台灣增加了對西班牙葡萄酒 35.4% 的進口量，提升了 52.7% 的進口總額，這是一個讓人驚訝的實際數據，2016 年度西班牙葡萄酒產量爲 29 億 7000 萬公升（佔世界葡萄酒總量的 11.8%，歐盟葡萄酒總產量的 21%），位居世界第三，僅次於法國以及義大利，同時，西班牙還擁有歐盟和全世界最大的葡萄種植面積，總計 10 億 1800 萬公頃。

　　至於葡萄牙，在 2014 年出口 2 億 8515 萬公升的葡萄酒，出口額達到 7 億 2824 萬歐元，最近幾年葡萄牙出口到中國與亞洲市場的葡萄酒大幅增加，葡萄牙的葡萄種植面積位居全球第七，總計 23 萬 9000 公頃，葡萄酒產量爲世界第六，2013 年，葡萄牙產出 6 億 700 萬公升的葡萄酒，其中 45% 用於出口，出口產值達到 9 億 2300 萬美元，其中波爾多的葡萄酒需求量最大，全世界趨之若鶩。

　　目前爲止，西班牙有 70 個左右葡萄酒原產地，其中雪莉酒的葡萄酒歷史最悠久，起源於 1935 年，然而伊比利半島的第一個原產地始於 1756 年，當年的九月十號，一位叫做 Sebastião José de Carvalho e Melo 的貴族（當時葡萄牙國王荷西一世的宰相）在波爾多成立了葡萄酒貿易總公司，目的是爲了平衡葡萄酒的產量和固定價格。

　　如前面所述，本書將會列出所有西班牙以及葡萄牙的葡萄酒產地，但是我們希望能精選十個重要而且深具文化內涵的產區，然後以這十個產區作為基礎，規劃出不同風情的旅遊路線，除了能讓讀者可以了解重要的葡萄酒莊、博物館以及古蹟遺產之外，還能盡情的享受當地的文化、歷史、自然美景以及食物和風俗習慣。

　　以下列出西班牙和葡萄牙所有葡萄酒產地的名稱。

西班牙葡萄酒產地名稱（依字母順序排列）：

Abona, Alella, Alicante, Almansa, Arlanza, Arribes, Bierzo, Binissalem-Mallorca, Bullas, Calatayud, Campo de Borja, Cangas, Cariñena, Cataluña, Cava, Chacolí de Álava, Chacolí de Getaria, Chacolí de Vizcaya, Cigales, Conca de Barberá, Condado de Huelva, Costers del Segre, El Hierro, Empordá, Gran Canaria, Jerez-Xérés-Sherry, Jumilla, La Gomera, La Mancha, La Palma, Lanzarote, Málaga, Manchuela, Manzanilla Sanlúcar de Barrameda, Méntrida, Mondéjar, Monterrei, Montilla-Moriles, Montsant, Navarra, Penedés, Pla de Bages, Pla de Llevant, Priorat, Rías Baixas, Ribeira Sacra, Ribeiro, Ribera del Duero, Ribera del Guadiana, Ribeira del Júcar, Rioja, Rueda, Sierras de Málaga, Somontano, Tacoronte-Acentejo, Tarragona, Terra Alta, Tierra de León, Tierra del Vino de Zamora, Toro, Uclés, Utiel-Requena, Valdeorras, Valdepeñas, Valencia, Valle de Güimar, Valle de la Orotava, Vinos de Madrid, Ycoden-Daute-Isora y Yecla.

葡萄牙葡萄酒產地名稱（依字母順序排列）：

Alenquer, Alentejo,Almeirim,Beiras, Bucelas, Carcavelos, Cartaxo, Colares,Dão, Douro, Évora, Madeira, Monção e Melgaço, Óbidos, Oporto, Santarem, Setubal,Távora-Varosa, Tejo, Trás-os-Montes, Vinho Verde.

在西班牙的葡萄酒產地當中，本書將選擇以下 7 個產地介紹：里奧哈 (Rioja)、杜羅河岸 (Ribera del Duero)、盧耶達 (Rueda)、多羅 (Toro)、 潘內狄斯 (Penedés)、瓜迪亞納 (Ribera del Guadiana)、雪莉酒 (Jerez-Xérés-Sherry y Manzanilla Sanlúcar de Barrameda)。而在葡萄牙的葡萄酒產地當中，我們主要將介紹：綠酒 (Vinho Verde)、波爾圖 (Oporto) 以及阿連特茹 (Alentejo) 這三個產區。

圍繞上面所提到的 10 個葡萄酒產區，我們會深入探討南歐這兩個充滿迷人風景的國家，去探索那些充滿人文氣息的城市或是鄉間小鎮，體驗不同的傳統文化以及節日慶典，我們將會爲你訴說關於這個國家的歷史故事以及具有影響力的古蹟文化遺產，規劃不同於傳統的旅遊路線，讓旅客在感受葡萄酒文化的同時也能體驗當地千年的歷史文化巡禮。

當然，在每個章節的最後也會附上實用的旅遊資訊，方便讀者規劃自己的行程，本書希望能幫助各位對南歐抱有憧憬的讀者，規劃屬於自己的伊比利半島之旅吧，不管由南到北，由西到東， 從葡萄牙到西班牙，各式天然美景與豐沛的歷史文化讓你盡收眼底，開始行動吧！你一定不會後悔！

MAR CANTÁBRICO
坎塔布里雅海

BILBAO
畢爾包

FRANCIA
法國

SANTIAGO DE COMPOSTELA
聖地牙哥孔波斯特拉

RIOJA
里奧哈
葡萄酒產區

VINHO VERDE
綠酒
葡萄酒產區

TORO
多羅
葡萄酒產區

RIBERA DEL DUERO
杜羅河岸葡萄酒產區

PENEDÉS
潘內狄斯
葡萄酒產區

OPORTO
波爾圖
葡萄酒產區

RUEDA
盧耶達
葡萄酒產區

BARCELONA
巴塞隆納

OPORTO
波爾圖

MADRID
馬德里

LISBOA
里斯本

RIBERA DEL GUADIANA
瓜迪亞納
葡萄酒產區

VALENCIA
瓦倫西亞

ALENTEJO
阿連特茹
葡萄酒產區

SEVILLA
賽維亞

JEREZ-XÉRÈS-SHERRY Y
MANZANILLA- SANLÚCAR DE BARRAMEDA
赫雷斯雪莉酒產區

MAR MEDITERRÁNEO
地中海

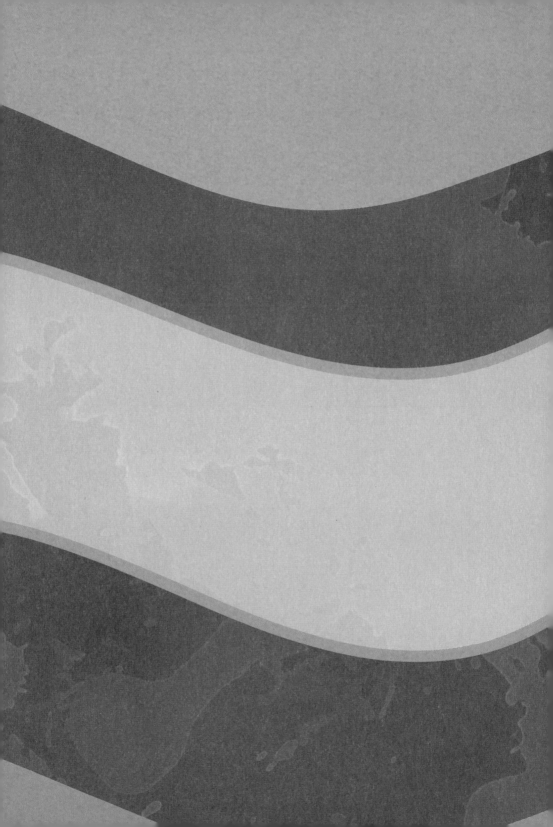

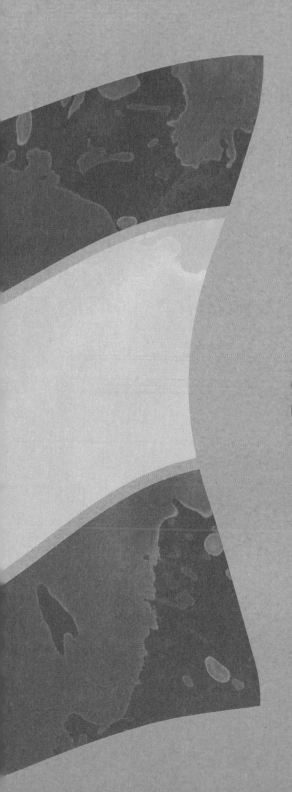

SPAIN

西班牙區

目前為止,西班牙有約七十個葡萄酒原產區,其中本書介紹的雪莉酒歷史最悠久,起源於 1935 年。在眾多西班牙的葡萄酒產區當中,本書將選擇以下七個產地介紹:多羅 (Toro)、杜羅河岸 (Ribera del Duero)、里奧哈 (Rioja)、盧耶達 (Rueda)、潘內狄斯 (Penedés) 和雪莉酒 (Jerez-Xérés-Sherry y Manzanilla Sanlúcar de Barrameda) 等,引領讀者暢遊特色的經典莊園。

悠久歷史的葡萄酒產地 ————

多羅

DENOMINACIÓN DE ORIGEN TORO

Villalonso
比亞隆索

Zamora
薩莫拉

Toro
多羅

Morales
de Toro
莫拉萊
斯德托羅

MADRID
馬德里

Pagos del Rey
帕格阿蕾酒莊

Bodegas Fariña
法琳娜酒莊

Valladolid
瓦亞多利德

RIO DUERO
杜羅河

Bodega Rejadorada
瑞哈多拉達酒莊

Valbusenda
瓦爾布森達酒莊

Valdefinjas
瓦爾德芬哈斯

多羅，傑出富麗的城市，
明智的律法，
流傳數個世紀仍然雋永不朽，
偉大的傳統隱藏在牆內。
王是名利男子，
甜蜜的一束，
那遠近馳名的櫻桃，
瓊漿玉液的葡萄酒，
給靈魂帶來無限的歡愉。

Toro, la ciudad insigne,
la de las Leyes tan sabias
que, a pesar de tantos siglos,
aún perduran y se acatan,
la que guarda entre sus muros
tradiciones veneradas,
la que de reyes es cuna

y de varones de fama,
la de los dulces racimos,
la de guindas renombradas,
la de riquísimos vinos,
que dan alegría al alma.

El Cristo de las Batallas 1910
Adrián López Bruguera

基督之戰　1910
安德利亞　羅培茲　布魯格拉

歷史背景

多羅葡萄酒原產地坐落在卡斯蒂亞─里昂省（Castilla y León）內。具體的位置是在薩莫拉省（Zamora）的東南邊和瓦亞多利德（Valladolid）西南邊交界的地方。多羅地區總佔地面積為六萬兩千公頃，其中八千公頃用於葡萄種植。該原產地總共分為 17 個地區，其中以多羅鎮最為出名，原產地也就是以它命名的。

多羅葡萄酒原產地起源於 1987 年，在當地成立了「葡萄酒質量監管會」（Consejo Regulador）來保證該產區的葡萄酒符合相關規定。

該地區一共有 51 家酒莊受監管會的監管，並被授權生產白葡萄酒、粉紅葡萄酒，和紅葡萄酒。並按照葡萄酒的年份分為：「新酒」、「陳釀」、「珍藏」和「特級珍藏」。

多羅產區在西班牙和國際市場上，都有很高的評價，很多買家與投資者都慕名而來。在一本介紹葡萄酒的專業雜誌上特別指出，多羅葡萄酒原產地將在未來十年內，成為世紀十大紅酒產區之一。

該地區種植葡萄的歷史十分悠久，早在羅馬人進入杜羅河流域前，公元前三世紀就有該區人民種植葡萄的記載。中世紀，尤其是在公元十二世紀至十三世紀時，多羅地區的影響力劇增，和周邊城市的商業往來頻繁。公元十六世紀，多羅的葡萄酒就出口到美洲。在這之後，一直到公元十九世紀，多羅的葡萄酒已經大量出口到法國。最近幾十年，多羅產區的葡萄酒逐漸走入人們的視線，並在西班牙國內和國際市場上享有很高的聲譽。

想了解更多詳情，可以在多羅葡萄酒原產地的官方網站（www.

dotoro.com/es/）上找到更多關於該地區的資訊，網站有西班牙文和英文兩種語言。可以查看多羅產區的歷史、地理位置、葡萄的種類，以及該地區所有的酒莊資訊。

<table>
<tr>
<td rowspan="4">多羅產區葡萄酒分級</td>
<td>

◆新酒 (Joven)

窖藏 1 至 2 年內的葡萄酒，擁有新鮮馥郁果香，一般來說不經過橡木桶陳釀。

◆陳釀 (Crianza)

窖藏時間至少 2 年以上，其中至少有 6 個月在橡木桶中窖藏。

◆珍藏 (Reserva)

窖藏時間至少 2 年以上，其中至少有 6 個月在橡木桶中窖藏。

◆特級珍藏 (Gran Reserva)

窖藏時間至少 5 年以上，其中至少有 18 個月在橡木酒桶中窖藏。

</td>
</tr>
</table>

地區氣候

當地的土壤是屬於沙質性土壤，鬆軟益於灌溉，全年的降雨量在 350 升左右，使得該地區成為西班牙葡萄種植地區中降雨量最少的區域。

大陸性氣候使得地區的早晚溫差巨大，冬天時間漫長而寒冷，夏天短但炎熱。全年的平均氣溫在 12º 左右。

當地的獨特土壤條件與氣候，使該地區出產的葡萄成熟的時間剛剛好，質量十分優質，並散發出濃厚的果香和花香。

Tipos de uva

葡萄類型

多羅葡萄酒原產地地區所盛產的葡萄種類有：紅多羅、歌海娜、馬爾維薩和弗德橋。

紅多羅（Tinta de Toro）

是當地原產的葡萄種類，有著自己獨有的特徵。在多羅產區，紅多羅葡萄種植面積佔八千公頃。

特色｜葡萄呈圓柱形，串大且長。葡萄顆粒飽滿，大小適中，呈藍黑色。

口味｜用它加工出的粉紅葡萄酒，口感豐富，帶有果香。用它加工的紅葡萄酒口感強烈，適合裝在橡木桶裡長期保存，釀製陳釀。

格那希（Garnacha）

此類型葡萄的酸味和質地都不如紅多羅，以往通常用於加工粉紅葡萄酒。如今多羅地區的葡萄酒監管會規定在加工紅葡萄酒時，歌海娜的含量不能超過 25%。

特色｜葡萄串呈錐形。葡萄皮薄，顆粒飽滿，呈紅藍色。

口味｜圓潤豐厚，單寧較低。

馬爾維薩（Malvasía）

原產於多羅地區，也是該地區種植最多的白葡萄種類。通常馬爾維薩的葡萄樹年份久遠，產出少。馬爾維薩是一種歷史悠久的葡萄種類，起源於希臘，當時的羅馬人就開始用馬爾維薩釀製葡萄酒。

特色 ｜葡萄串大顆粒大，呈錐形，皮薄，泛黃色。

口味 ｜由於馬爾維薩特有的酸味和強烈的香氣，使得用它釀製的白葡萄酒的果香味濃，酸味適中。

弗德橋（Verdejo）

是多羅地區種植的另一種白葡萄種類。由阿拉伯人引進卡斯蒂亞地區，不過它的種植數量不斷減少，直到現在成為多羅產區種植數量最少的葡萄之一。

特色 ｜弗德橋的葡萄串和葡萄顆粒小，皮厚。

口味 ｜用它加工出的葡萄酒濃縮度較高。

BODEGAS
酒莊

多羅產區

我們從多羅葡萄酒原產地地區中的 51 家
酒莊當中，選擇了法琳娜酒莊、帕格阿蕾
酒莊、瑞哈多拉達酒莊來介紹。

BODEGAS FARIÑA

01 ——
帶來全新感受的
法琳娜酒莊

　　法琳娜酒莊是家族企業，成立於 1942 年。除了西班牙本土市場外，葡萄酒還遠銷其他三十個國家，眾多的顧客群促使法琳娜酒莊不斷尋求高品質的葡萄酒和創新。多年來，為了能以葡萄種植土地的不同來取得市場青睞，法琳娜一直鑽研土地研究，並在不同海拔、土壤成分和日照時間的土地上對葡萄種植進行實驗。

　　酒莊擁有三百公頃的葡萄種植面積，來保證葡萄酒的產量。其紅葡萄酒品質非常好，並且優雅，適合長期存放在木桶裡釀製陳釀。白葡萄酒和粉紅葡萄酒口感清爽，果香味濃郁。

Info

Camino del Palo s/n ｜ 49800 TORO (Zamora) ｜ Tfno. +34 980 57 76 73 ｜
Fax +34 980 57 77 20 ｜ www.bodegasfarina.com ｜ comercial@bodegasfarina.com

為滿足不同口味的市場需求，法琳娜酒莊持續在土地、栽種、培育上下足功夫，進行實驗。其中又以優雅的紅酒品質吸引品酒人的目光。

Gran Colegiata Lágrima

多羅大教堂醇釀紅酒

由紅多羅釀製而成，酒體呈漂亮的櫻桃紅色。

口感 |

帶著些許的酸味，果香味濃，卻不苦澀，很能代表該地區葡萄酒的特徵。

Gran Colegiata
Campus "Viñas Viejas"
多羅大教堂陳釀紅酒

是該地區獲獎最多的葡萄酒之一，採用陳年葡萄樹上的葡萄釀製而成。有的葡萄樹樹齡可達 140 年之久。

口感 |

這是一款優雅，有質感的紅酒，口感絲滑，餘韻細長悠久。

Dama de Toro
多羅女郎

是法琳娜酒莊在全世界銷售最多的紅酒之一。

口感 |

強烈，卻不會太過頭。散發出成熟的果香，和一點點美國橡樹木的香氣。

擁有歷史痕跡的
帕格阿蕾酒莊

　　帕格阿蕾酒莊座落在離多羅鎮六公里、一個叫做莫拉萊斯德多羅（Morales de Toro）的鎮上，成立於 1952 年。

　　酒莊的原名叫做葡萄聖母（Nuestra Señora de las Viñas），1952 年後又更名為巴霍斯葡萄之家（Viñas Bajoz），因為巴霍斯河流經該區域。後來由菲利思·索力斯·阿凡提斯（Félix Solís Avantis）先生創立的「菲力思葡萄酒集團」（Félix Solís Avantis

PAGOS
DEL REY

group）買下了酒莊，並更名為帕格阿蕾。

　　酒莊佔地面積共一萬兩千坪，其中有一間可貯藏四千桶葡萄酒的倉庫。葡萄種植面積有一千七百公頃。酒莊的產酒量佔多羅地區總產量的 36%。自從酒莊修建了一座巨大的葡萄酒博物館之後，帕格阿蕾酒莊在葡萄酒文化和葡萄酒旅遊市場上，都變得重要起來。

Info

Avenida de los Comuneros, 90 ｜ 49810 MORALES DE TORO (Zamora)
Tfno. +34 980 698 023 ｜ Fax: +34 980 698 020 ｜ toro@pagosdelrey.com ｜
www.pagosdelrey.com

葡萄酒博物館

　　帕格阿蕾的葡萄酒博物館，主要為宣傳葡萄酒傳統文化和歷史，讓遊客通過遊覽博物館發現葡萄酒的價值。同時，遊客也可以品嚐到帕格阿蕾酒莊品質最優良的葡萄酒。

　　館內有一座巨大花園，是一個能讓遊客身心放鬆的地方。花園裡有茂密的植被和水塘，還有各種和葡萄種植和採摘相關的農作工具，以及運輸工具，讓遊客在享受放鬆的同時也能了解葡萄酒的歷史文化。

　　博物館的建築外觀優美，館內藏品豐富，是二十世紀工業建築的重要範本，由於博物館是修建於公司舊址之上，所以館內還保存了一些之前酒莊的牆面，和館內的收藏品融為一體。遊客彷彿穿梭在遺蹟之中，充分了解葡萄酒的古往今來。

　　在博物館的盡頭，來到一個大廳，大廳直通帕格阿蕾酒莊的酒窖。遊客可以看到一排排的美國和法國橡木桶，整齊地擺放在恆溫的酒窖裡，等待葡萄酒成熟。

商店

在博物館的商店裡，不僅出售帕格阿蕾酒莊自產的葡萄酒，還出售里奧哈（Rioja）、杜羅河畔（Ribera del Duero）、盧耶達（Rueda）以及多羅地區產的葡萄酒。

遊客在品嚐葡萄酒的同時，還可以品嚐到乳酪，香腸，肉醬，果醬，巧克力和甜品等。商店裡還出售橄欖油和葡萄醋，以及由橄欖和葡萄加工製成的保養品，是送親戚朋友的不錯選擇。

Info
葡萄酒博物館（Museo del Vino）
www.pagosdelreymuseodelvino.com
museodelvino@pagosdelrey.com

以宣揚葡萄酒文化、歷史為酒莊發展目標之一的帕格阿蕾，將葡萄酒事業結合在地觀光，精挑細選的葡萄靜靜地醞釀在一排排橡木桶中，等待品嚐。

Sentero
桑德羅 · 老藤葡萄酒

源自西班牙的詞彙 Sendero，在義大利語為 Sentiero，意為流動的小徑，表達多羅與薩莫拉之間流動著遼闊優雅的風景。

手工採摘的葡萄經過精挑細選，可釀出果香優雅的葡萄酒。黑櫻桃酒與紅石榴氣味濃厚。含有豐富的紅色和黑色水果香辛料和煙燻香。

口感 |
強勁豐腴，單寧光滑，氣韻高雅。可以完美搭配任何肉類菜餚。

Bajoz Crianza

巴霍斯陳釀葡萄酒

它的名字來自流經多羅鎮附近的巴霍斯河。採用精選的葡萄釀製而成，是田帕尼優 (Tempranillo) 品種紅多羅，並從 40 歲左右的葡萄藤手工摘採。是一款果味均衡的葡萄酒，帶著紅色莓果芳香和香草奶油的香氣。

口感 |

豐滿，單寧光滑。它是肉類，烤肉、燉肉和乳酪的絕佳伴侶。

Bajoz

巴霍斯精選葡萄酒

採用精選田帕尼優的紅多羅品種，從 30 至 40 歲的葡萄藤手工採摘而來。是一款年輕，果味清淡和優雅的葡萄酒。濃郁的櫻桃色，帶有相同色調的邊緣，散發紅色莓果、利口酒與香草的氣味。

口感 |

豐滿，優雅，美味，濃郁而持久。適合各種紅肉，烤肉，乳酪和半熟乳酪。

BODEGA
REJADORADA

03 ——

十五世紀皇宮改建而成
瑞哈多拉達酒莊

　　該酒莊成立於 1999 年，原是一座十五世紀的宮殿，座落於多羅市內的瑞哈多拉達皇宮（Palacio de Rejadorada）。酒莊的名字也因此而來。酒莊的創始人建立該酒莊的初衷，是要想用紅多羅加工出一種精良的、優質的紅葡萄酒。

　　2003 年，瑞哈多拉達酒莊在瓦亞多利德新建了一家酒莊。以更現代化的機器設備釀造和裝瓶配備，為葡萄酒加工。不過主要的釀酒技術還是按照傳統的釀酒方式，以此保證葡萄酒的品質。該酒莊的葡萄種植地屬於沙質，多石的黏土土壤結構。只有在多羅地區，才能找到這種理想的土壤結構，再配合適量的雨水和陽光，最終使紅多羅的葡萄果實自帶一種獨特的香氣，用它釀造的葡萄酒口感才如此豐富。

　　葡萄園採用人工挑選、採摘的方式收割葡萄，再用箱子打包運送，以保證葡萄完美無缺地抵達酒莊。

　　雖然如今酒莊和瑞哈多拉達皇宮的主人已毫無關係，但還是值得提一下這座重要的建築，瑞哈多拉達皇宮始建於公元十五世紀，座落在多羅市的市中心，旁邊就是聖瑪麗亞教堂和市政廣場，之後該宮殿被改造成酒店，所有的翻新改造工作都盡可能遵照建築物原有歷史風貌和建築風格修整。如今，來多羅旅遊的遊客可以選擇落腳在該酒店，品嚐它為旅客精心準備的美食和葡萄酒。

　　其酒桶儲藏室藏有 80 桶葡萄酒，木桶由法國和美國櫟樹製成。儲藏室採用恆溫控制。

Info

Ctra. San Román a Morales, Km. 0,9 ｜ 47530 SAN ROMÁN DE HORNIJA (Valladolid) ｜ Tfno. +34 980 693 089 ｜ rejadorada@rejadorada.com ｜ tienda@rejadorada.com ｜ www.rejadorada.com

由中世紀皇宮傳承而來的酒莊，也沿襲了過去輝煌的優雅與品味，加以現代化設備，將多羅地區的獨特香氣釀入酒中，滿盈香氣與口感。

Rejadorada Tinto Roble

瑞哈多拉達橡木紅葡萄酒

酒體呈紅紫色，散發出森林紅果的香味，並伴有香草的芬芳。

口感 |
夾雜著木頭和水果的香氣，是紅多羅這種品種葡萄的特有口感。這款紅酒適合與紅肉，香腸和麵食搭配。

Bravo de Rejadorada-Premium
瑞哈多拉達精選紅葡萄酒

酒體呈紅寶石色，十分濃烈，醒目。入口後，口感酸澀中夾雜著甘甜，並伴有甘草的味道。

口感 |
品嚐完，口中會留下淡淡的餘香，回味無窮。這種濃烈的口感和香味，也是用紅多羅葡萄釀製出的紅酒的特性。這款紅酒適合與魚類，肉類，紅肉醬以及乳酪搭配。

Antona García
安托納加西亞紅葡萄酒

酒體呈紅與紫羅蘭色，散發黑色莓果香氣。

口感 |
入口後口感豐富，帶著些許的酸味、水果味和香料味。適合與乳酪，烤肉，披薩，麵食以及乾果搭配。

體驗最傳統的葡萄採摘
瓦爾布森達酒莊

　　瓦爾布森達成立於 2003 年，它的創立人是一對來自薩莫拉的夫婦，想透過葡萄酒的方式，讓人們了解他們的故鄉，薩莫拉。瓦爾布森達是薩莫拉唯一的一座五星級酒店。

　　瓦爾布森達擁有十六公頃的種植面積。主要種植的葡萄類型是紅多羅，正是因為紅多羅的特性，讓多羅產區的紅酒質感、顏色、香味和口感都與眾不同。而白葡萄酒主要是用弗德喬加工的。紅多羅的採摘主要是通過人工採摘的方式進行，每二十公斤一箱。而弗德橋是全機械化採摘，採摘時間在夜晚。

VALBUSENDA

　　瓦爾布森達酒窖的建築風格十分前衛，擁有超過二千一百坪的室內面積。室內透明的結構使遊客可以在不打擾正常生產的情況下，參觀葡萄酒的加工過程。酒莊利用地利優勢與太陽能設備，把生產加工對環境的傷害降到最低。

　　如果遊客在葡萄採摘季節來參觀酒莊，可以一起參與葡萄酒加工的全過程，和體驗最傳統的葡萄採摘方式：先把採摘葡萄裝到竹籃中，用驢子運到加工地，再用腳把葡萄踩成泥狀。最後當然少不了品嚐葡萄酒。另外，遊客還可以品嚐到酒莊專門為葡萄採摘季節設計的美味限定套餐，是一次體驗傳統葡萄酒製造方法的好機會。

　　瓦爾布森達也提供葡萄酒品嚐，大人們可以像葡萄酒專家一樣品嚐葡萄酒，而孩子們也有屬於自己的玩耍空間。酒店有十個會議室，隔音效果尚佳，可以給公司舉辦活動會議提供一個安靜的場所。

　　瓦爾布森達還是當地第一個提供 Wine Spa 的酒店，採用自家生產的紅酒，開發出不同的療程，幫助皮膚膠原蛋白再生，有效對抗自由

基，預防皮膚老化，加速血液循環和對抗疲勞。

　　瓦爾布森達的主人說，美食對於他們酒店來說是很重要的一個元素，他們想要入住的客人能有一次難忘的美食體驗。酒店裡餐廳的名字叫做「雲端」（Nube），在這遊客可以一邊品嚐美食，一邊欣賞窗外葡萄田、酒窖和花園的美景。

葡萄花園（Jardín Ampelográfico）

　　瓦爾布森達擁有卡斯蒂亞—里昂地區唯一的一座葡萄花園，也是歐洲最大的葡萄花園之一。花園佔地面積兩公頃，有全世界 250 多種的葡萄。在這裡，遊客們可以觀察到不同種類葡萄的差別和特性。如果剛好是在葡萄成熟期，還可以摘下葡萄品嚐。

瓦爾布森達酒窖（Valbusenda Boutique）

　　座落在多羅市的市區。擁有自己的地下藏酒室和商店。商店裡不僅出售瓦爾布森達自家生產的葡萄酒，還有一些當地的特色手工製品。

Info

Carretera de Toro a Peleagonzalo, s/n ｜ 49800 TORO (Zamora) ｜
Tfno. +34 980 699 573 ｜ Fax +34 980 699 575 ｜ info@valbusenda.com ｜
reservas@valbusenda.com ｜ www.valbusenda.com

五星級的酒莊與飯店設備，在網路上累積高度人氣與聲量。
酒莊主人卻保留最傳統的葡萄採摘過程，邀請全世界遊客
進入這項古老悠久的體驗。酒莊精選由紅多羅釀造的酒單
推薦。

Valbusenda Vivo

瓦爾布森達・活在當下葡萄酒

用紅多羅和紅多羅的變種加工製成，在 225
升法國橡樹木桶裡，釀造超過 18 個月以上。

口感｜
該紅酒帶著淡淡的清香，夾雜著丹寧的酸味
和成熟果實的香氣。入口後口感香甜。

Valbusenda Klein

瓦爾布森達 · 克萊葡萄酒

用 100% 純種的紅多羅加工製成，在 300 升法國櫟樹木桶裡釀造 8 個月以上，開瓶後瀰漫出森林紅莓果和黑醋栗的香氣。

口感 |

入口後帶著一絲焦糖與果醬的味道，適合與紅肉，野味，烤肉類搭配。

Valbusenda Cepas Viejas

瓦爾布森達 · 老藤葡萄酒

用 80 年的老葡萄樹產的紅多羅，對葡萄精挑細選後加工製成，在法國新櫟樹木桶裡釀造 24 個月以上。

口感 |

潤滑，氣味香甜。

多羅葡萄酒產區
周邊景點

LUGARES DE
INTERÉS EN LA
D. O. TORO

　　在多羅葡萄酒產區，多羅鎮是該地區不可錯過的景點之一，顯而易見，該葡萄酒產區就是以它命名的。從馬德里出發，有高速公路直達多羅，大約兩個小時左右的車程。

　　在多羅附近，也有幾座小鎮也值得前去觀光，像是瓦爾德芬哈斯 (Valdefinjas)，或是比亞隆索（Villalonso）和薩莫拉。比亞隆索和薩莫拉雖已不屬於多羅葡萄酒產區的範圍內，但也只有幾公里的距離。這幾座小鎮都保留了大量的中世紀建築，見證了歷史的遷移。

　　在幾座小鎮逗留時，別忘了品嚐當地的多羅葡萄酒，在多羅鎮更有許多超市和商店都有販售當地特產，比如乳酪、香腸、豆類，以及各種類型價位的葡萄酒，價位大概在 3 歐元到 50 歐元之間。至於甜品，當地的特產甜品叫做 "bollo coscarón"，一種用堅果、杏仁加上些許肉桂烘焙而成的糕點，是當地的傳統甜點，是來此小鎮不可錯過的名產。

　　許多酒吧都有提供小吃和葡萄酒。其中大多數的酒吧和餐館都集中在市政廣場附近。推薦你品嚐：鱈魚，扇貝配炒番茄，血腸佐洋蔥果醬，乳酪，蝦和魷魚等。當地最富盛名的小吃千萬不能錯過：薩莫拉燉飯，和酒漬鱈魚。

 多羅（Toro）

　　多羅鎮上只有一萬人左右的人口，座落在薩莫拉省的東邊大約三十九公里的距離。整座城處於一座懸崖絕壁之上，遠遠就能望見它的城堡和教堂。山下的低窪地帶有成片的麥田和葡萄園，使得多羅成為了伊比利亞半島最出名的葡萄種植區之一。

　　在多羅鎮還保留了一些有重要意義的歷史文化遺產，可惜大部分都已經遺失或損壞，多羅在歷史上的鼎盛時期主要是在中世紀（公元十二和十三世紀），不僅有大量文獻資料可以證

明，也可以從那個時期的建築看出它
當時的重要地位，例如前文提到位於
多羅鎮最高處的城堡和教堂，以及在
城市裡的大大小小的教堂和修道院。
來多羅參觀就必須穿梭在它的大街小
巷之中，感受歷史的遺跡。

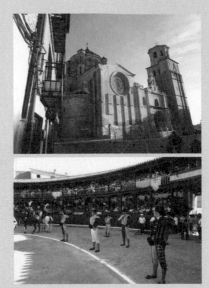

　　駐足在聖瑪麗亞教堂門前，欣賞
它古老壯觀的大門，教堂裡有歐洲最
傑出的中世紀彩繪作品。 同時，多
羅的鬥牛場也是值得參觀的景點，它
是西班牙最古老的鬥牛場之一，於
1828 年 8 月 18 號正式使用。如今
仍然完好的保存了歷史原貌，並仍然
有鬥牛表演。如果剛好十月來多羅，還可以趕上葡萄收穫節，節日當
天街上會有馬車遊行，並伴有傳統音樂和舞蹈。

沒有尾巴的驢子

　　這是一個源自十二世紀的傳說，有一位樵夫與他的驢子在返回多羅城的路上，路過正在整修的教堂，驢子不慎摔落地上，樵夫無力牽起驢子，於是便請在旁工作的工匠幫忙。

　　他們決定由樵夫拉住驢的韁繩，而工匠則拉著驢尾巴，費了一番力氣終於將驢從地上扶了起來，但是工匠卻不慎扯斷了驢子的尾巴，樵夫十分生氣，認為工匠是故意扯斷驢尾巴，於是便拉著工匠請法官主持公道。

　　法官聽了各自論述後做出判決：工匠必須支付樵夫買驢子的費用並且暫時保管驢子，等到驢子長出新尾巴後再還給樵夫。

　　當時有位雕刻家目擊這場審判，便將這故事刻在多羅大學正門的石牆上，直至今日，經過的遊客依然可以看見牆上兩位男子互相拉扯驢子的雕刻。

其他景點

　　在離多羅鎮十二公里處的瓦爾德芬哈斯，也有不少該葡萄酒原產地的酒莊，還有由十六世紀西班牙著名建築師參與修建的聖母升天教堂。

　　另外還有兩處地方值得參觀，雖然已不屬於多羅葡萄酒原產地的範圍內，不過也只有幾公里距離，它們分別是比亞隆索和薩莫拉。

在比亞隆索矗立著卡斯蒂亞一里昂地區保存最完好的城堡之一。這座城堡見證了許多重大的歷史事件，現在被申報為文化保護遺產。同時也成為許多電影的外景拍攝地。

從多羅鎮可以搭公車到薩莫拉，只有幾分鐘的路程。薩莫拉城內保存了大量的中世紀建築。其中有 23 座羅馬式風格時期（公元十二到十三世紀）的教堂，是整個歐洲羅馬式教堂最集中的城市。遊客可以去老城區逛逛，買點當地特產、葡萄酒，參觀文物和博物館。如果剛好遇到復活節（Semana Santa），在街上還可以看到被申報為西班牙國際旅遊項目的聖周遊行。

在薩莫拉的旅遊服務處，遊客還可以了解到當地一些其他參觀景點。例如，自然風景、歷史建築、飲食等等。最後不要忘了，一定要點一杯多羅的紅酒。

河岸沃土培育而成 ————————

杜羅河岸

DENOMINACIÓN DE ORIGEN
RIBERA DEL DUERO

BURGOS
布哥斯

Roa
羅阿鎮
Bodegas Pradorey
皇家牧場酒莊

Peñaranda de Duero
貝蘭納達德杜羅

RIO DUERO
杜羅河
Aranda de Duero
阿蘭達德杜羅

SORIA
索尼亞

Peñafiel
貝納菲爾

San Esteban de Gormaz
聖艾斯提班德戈瑪茲

Bodegas Arzuaga Navarro
阿爾蘇達‧納瓦羅酒莊

Bodegas Protos
普羅多斯酒莊

Bodegas el Lagar de Isilla
伊絲亞酒莊

SEGOVIA
塞哥維亞

MADRID
馬德里

Vendimia
Sé en la vida como son
en el lagar los racimos
que a los hombres que los pisan
pagan la afrenta con vino.

A media voz
1928
Francisco Villaespesa

釀酒之歌

生活如是
在葡萄收採之地
縱使　人們擠壓踏踩
恣意羞辱　方得甘甜美酒

低沈聲響＿詩集 1928
法蘭西斯科 比亞艾斯佩薩

歷史背景

　　杜羅河岸葡萄酒原產地成立於 1982 年 7 月 21 號，橫跨卡斯蒂亞
—里昂自治區的四個省分：索尼亞（Soria）、布哥斯（Burgos）、塞
哥維亞（Segovia）和瓦亞多利德。這四個省分由杜羅河所連接，從東
到西跨越一百一十五公里。葡萄種植面積達到二萬二千公頃，其中布
哥斯佔地一萬六千一百三十二公頃，瓦亞多利德佔地四千零三公頃，
索尼亞佔地一千二百五十二公頃，塞哥維亞佔地一百四十九公頃。

　　最近幾年，在該葡萄酒原產地監管會的嚴格控制下，該地區改善
了葡萄種植技術和葡萄酒加工程序。現在，每公頃種植地只允許加工
七千公斤的葡萄。

地區氣候

　　葡萄是杜羅河岸地區最主要的風景，而該地區的主角就是杜羅河，該葡萄酒原產地便是以它命名的。在河岸兩邊有荒野、小山丘、大量的葡萄園、麥田和翠綠的植被，根據四季交替，遊客看到景色也迥然不同。春天，到處是一片片綠色的麥田和花海；夏天，變成了金黃澄澄小麥色；秋天，葡萄葉染成了紅色；冬天，遺留下灰綠的葡萄梗和覆蓋在上面厚厚的白雪。

　　該地區氣候屬於大陸性氣候。夏季炎熱，冬季乾燥寒冷。雨水主要集中在春季和秋季。由於氣候的特徵，季節之間的溫差明顯，讓產出的葡萄特徵鮮明，品質出眾。

Tipos de uva

葡萄類型

此區種植的葡萄種類主要有：

◆田帕尼優（Tempranillo）

◆紅格那希（Garnacha Tinta）

◆卡本內蘇維翁（Cabernet Sauvignon）

◆馬爾貝克（Malbec）

◆梅洛（Merlot）

◆阿比洛（Albillo）

杜羅河岸原產地主要生產粉紅葡萄酒和紅葡萄酒，生產種類也是分爲「新酒」、「陳釀」、「珍藏」和「特級珍藏」。國際市場上對杜羅河岸地區生產的葡萄酒有很高的評價。

BODEGAS
酒莊

杜羅河岸產區

該地區有約莫 315 家酒莊，精選出以下四
家酒莊來介紹，分別是：阿爾蘇達・納瓦
羅酒莊、伊絲亞酒莊、皇家牧場酒莊、普
羅多斯酒莊。

Bodegas
Arzuaga Navarro

01 ——

忘卻塵世喧囂的鄉村莊園
阿爾蘇達‧納瓦羅酒莊

　　阿爾蘇達‧納瓦羅酒莊位於金塔尼亞德奧內西莫（Quintanilla de Onésimo），是一座位於瓦亞多利德省的迷你小鎮。該酒莊葡萄酒的葡萄產自於一個叫"La Planta"的葡萄莊園，阿爾蘇達‧納瓦羅家族則是莊園的主人。

　　葡萄園"La Planta"的地理位置對種植葡萄有絕對優勢，莊園能接收到恰好的陽光和水分，讓葡萄充分成熟。所以阿爾蘇達‧納瓦羅

酒莊出產的葡萄酒有別於其他地方，主要就是靠這三個先決條件：土壤、氣候還有地理方位。

"La Planta" 面積總共有一千四百公頃，莊園內有許多大樹如松樹、白薯、橡樹，也飼養許多動物，如野豬、鹿和羊群。酒莊是用結實的石頭砌成的傳統鄉村風格。酒莊的外觀結構類似於修道院，有圓拱、塔樓、鐘樓等設施。

酒莊提供遊客各種旅遊服務，在這片被葡萄園環繞的土地上，除了可以接觸大自然放鬆身心外，還可以體驗和學習葡萄酒的相關知識；參觀酒莊導覽，了解葡萄酒加工的過程；品嚐葡萄酒，享受具當地風情的特色料理（餐廳主廚曾獲得米其林一星的榮譽）。當然也可以選擇入住酒莊的五星級酒店，享受獨有的葡萄酒水療。

酒莊裡最受歡迎的參訪路線是參觀莊園的自然保護區 "La Planta"。在有著千年樹齡的橡樹環繞下，暫且忘卻一切塵世喧囂，欣賞完自然風光後可以依循導覽參觀酒莊和葡萄酒生產過程，旅程結束後也會提供各式葡萄酒供旅客品嚐。

該酒莊餐廳開業於 2017 年。由 Amaya Arzuaga 設計，風格以簡約時尚為主，這從餐廳的菜品擺設上也體現出來。餐廳的料理是基於卡斯蒂亞區域（西班牙中部自治區）特色菜上創新開發的，旅客在品

嚐美味佳餚的同時，也能一邊欣賞杜羅河畔的美景。

　　酒莊內附設四星級水療飯店（位於酒莊旁邊），是歐洲最大的葡萄酒旅遊度假酒店之一。如果你鍾愛大自然、葡萄園和自然風景，喜歡品嚐當地的美食，並想體驗葡萄酒水療和享受溫泉，那麼阿爾蘇達‧納瓦羅飯店將是一個很棒的選項。

　　在水療區域，配有水療浴缸和水療床，酒店提供了一個遠離城市喧囂和煩惱，療癒空間，採用紅酒的精華，提供獨一無二的紅酒水療。

　　在夏季，遊客可以坐在室外的花園酒吧，啜飲一杯紅酒，品嚐一場燭光晚餐，又或者享受室外水療與按摩，在松樹林的包圍下放鬆身心。

Info

Ctra. N-122　Km.325　|　47350 QUINTANILLA DE ONÉSIMO (Valladolid)　|
Tfno. +34 983 681 146　|　Fax. +34 983 687 099　|　comunicación@arzuaganavarro.com　|
www.arzuaganavarro.com

與杜羅河岸的風景相呼應，這座看似遺世獨立的鄉村莊園，用自然和充盈莓果香氣的酒單，迎接所有到訪的旅人，啜飲一口，品味唇齒間的餘味。

La Planta
阿爾蘇達田園葡萄酒

酒體清澈透亮，呈櫻桃紅，泛著紫青色的光。開瓶後，起初散發出森林樹果（桑葚，覆盆子）的香氣，之後漸漸散發出一絲夾雜著樹果的酸味。

口感 |
果香味濃，酸度適中，適合搭配各種開胃菜，如香腸、乳酪或者傳統的燉菜。

Arzuaga Crianza 2015

阿爾蘇達陳釀葡萄酒 2015

酒體飽滿透亮，呈櫻桃紅，帶著紫色的光澤。開瓶後，先散發出成熟的紅莓果香，之後夾雜著黑莓果的香氣和少許的礦物香味。

口感 |

入口後口感甘甜，適合搭配肉類，魚類和乳酪。

2009

阿爾蘇達珍藏陳釀葡萄酒

酒體乾淨透亮，呈紅寶石色。開瓶後散發出成熟濃郁的綜合莓果香，夾雜著些許甘草和菸草的氣味，之後逐漸散發出淡淡酸味。

口感 |

質感潤滑，在口中會留下淡淡的餘香。適合搭配烤肉類或者山珍野味，以及氣味濃烈的乳酪。

02

小紅酒作坊起源的
伊絲亞酒莊

　　伊絲亞酒莊坐落在布哥斯省的拉維（La Vid），距離阿蘭達德杜羅
（Aranda de Duero，位於布哥斯省內的小城鎮）十八公里的路程。
酒莊有四十公頃的葡萄種植地，平均樹齡在六十年到九十年之間，主
要種植的葡萄品種是田帕尼優，也有三公頃的卡本內蘇維翁和一公頃
的梅洛。

　　　　伊絲亞酒莊成立於 1995 年，剛開始只是藏於一家名叫伊希雅
餐廳（El Lagar de Isilla）地下室的紅酒作坊（源於十五世紀）。酒
莊主人在這個小作坊生產了第一批紅酒，而如今酒莊的年產量已達到

二｜五萬瓶葡萄酒。酒莊的宗旨是利用現代化的技術，限量生產高質
量的傳統葡萄酒。

　　由於葡萄酒品質優良，客人絡繹不絕，於是主人便把酒莊遷移到更
大的地方，先是擴建了酒莊和葡萄酒專賣店，又建造了旅館，形成了
一個完整的葡萄酒旅遊體系。酒莊主人還獲得西班牙葡萄酒旅遊組織
頒發的葡萄酒旅遊貢獻獎。

BODEGAS EL
LAGAR DE ISILLA

　　酒莊的建築風格與當地景觀維持一致性，完整保留了原本的木質和石材建築結構。共有五個倉庫，和一棟小型的接待大樓，往裡走有專門品嚐葡萄酒的待客廳，大樓的門廊使用傳統的農具做裝飾，是該地區很典型的做法。

　　伊絲亞酒莊開放各地遊客參觀，有英文和西班牙文導遊介紹葡萄酒加工的設備和釀酒過程，也提供葡萄酒品嚐、品酒課程等旅遊服務。

酒莊餐廳與旅館

　　在阿蘭達德杜羅的舊城區，伊絲亞酒莊餐廳位於地下深十二公尺的地方，完整保留了酒莊舊址的原貌。這個地下酒窖建於中世紀，最初只是用來儲藏葡萄酒，在特殊情況下也有避難所的作用。酒窖的溫度常年保持在攝氏 12 到 14 度，濕度 85%。

　　2013 年 8 月 14 日，伊絲亞酒莊附設旅館正式對外營業，旅館內有二十一間精心裝飾的客房。建築風格與酒莊所在農場保持了一致，是西班牙殖民時期的傳統建築風格。

Info

C/Camino Real 1 | 09471 LA VID (Burgos) | Tfno. +34 947 530 435 |
bodegas@lagarisilla.es | enoturismo@lagarisilla.es | www.lagarisilla.es

這座小作坊起源地酒莊，融合了西班牙殖民時期的建築風格與地區傳統裝飾，一如所釀造的陳釀與珍藏，餘香繚繞，令人回味無窮。

El Lagar de Isilla
伊絲亞特別珍藏葡萄酒

酒瓶標籤由酒莊主人 José Andrés Zapatero 設計並簽名，每瓶紅酒的瓶身都有編號，使每瓶特別珍藏版的紅酒都獨一無二，該紅酒只在收穫的旺季才生產。開瓶後，能聞到成熟的果香。

口感 |
濃烈，在口中久久留有餘香。

El Lagar de Isilla
伊絲亞陳釀葡萄酒

酒體清澈透明，呈櫻桃紅，泛微微紫光。
開瓶後成熟果香濃郁，參雜少許香草、肉桂，以及可可的香氣。

口感 |
能品嚐出桑葚、黑巧克力、香草和肉桂的味道，在口中餘香持久，適合於搭配烤肉和野禽類。

El Lagar de
Isilla Roble
伊絲亞橡木葡萄酒

酒體呈櫻桃紅。開瓶後，森林紅莓果氣味相當濃烈，也參雜香草和肉桂的香氣。

口感 |
適中平衡，味道豐富，能品出森林樹果，和些許的木頭香味。適合與烤肉類搭配。

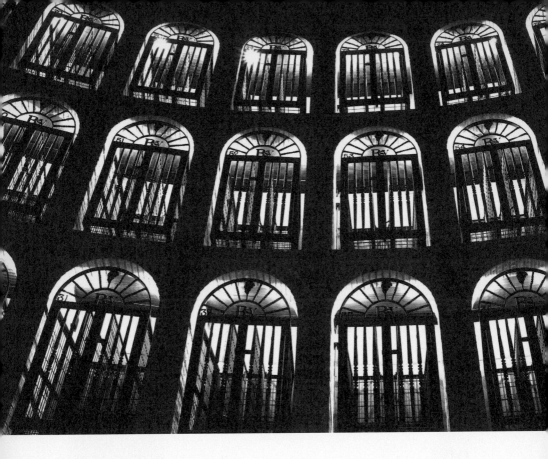

03

古代貴族的度假勝地
皇家牧場酒莊

　　皇家牧場酒莊所在的位置，曾經屬於西班牙伊莎貝爾一世女王，多年後又被西班牙國王菲利普三世看中，欽點成爲皇家牧場。所以這片土地一直以來都被細心照料，農場現任主人也繼續延續這一項傳統。如今，酒莊的所在地是杜羅河岸地區最有歷史價值的農場，總佔地面積三千公頃，位於杜羅河岸的東面，從 1989 年種植葡萄以來，現今葡萄種植面積已達到五百二十公頃，細分成一百四十一塊土地。

　　酒莊所在地的海拔本來不適合種植葡萄，但是通過技術創新，不僅成功栽培出葡萄，還加工出西班牙第一批 Roble 級（橡木的意思，意指

Bodegas
Pradorey

經過橡木桶培養）的葡萄酒，同時也是杜羅河岸地區首先研發出淺色粉紅葡萄酒的酒莊。

　　從古代開始，皇家牧場所在地就被當作是放鬆身心獨一無二的度假勝地，酒莊提供個人或團體全方位的旅遊計劃和行程。遊客可以選擇酒莊一日遊，品嚐酒莊自產紅酒，搭配卡斯蒂亞傳統的佳餚。酒莊全年中還會不定期舉辦各式品酒活動，詳細情形可以參見官方網站，需要提前預約。

　　酒莊矗立在大自然和葡萄樹中，參觀酒莊時，遊客可以觸摸葡萄藤聞聞它散發出來的香氣，從不同的角度了解葡萄樹，還可以體驗傳統方式加工，並品嚐葡萄酒，在歡樂愉悅的氛圍下更深入了解當地葡萄酒文化。

酒桶儲藏室藏有八十桶葡萄酒，木桶由法國和美國櫟樹製成。儲藏室採用恆溫控制。

皇家飯店（La Posada de Pradorey）

酒莊附設的皇家飯店，修建於十七世紀。由當時西班牙國王菲利普三世的大臣雷爾馬公爵一世負責修建，是皇室人員打獵後休憩放鬆的場所。

西班牙作家羅培・德維加（Lope de Vega）和畫家佩德羅・巴布羅・魯賓斯（Pedro Pablo Rubens）曾作為國王的賓客留宿在這裡。

之後，西班牙國王菲利普四世和五世也在此留宿過。

飯店共有十八間房間，離酒莊兩公里的距離，有花園、網球場、籃球場和夏季游泳池等設施，想體驗皇室的優雅品味，此處是非常推薦的選項。

Info
Carretera CL-619 Km. 66 | 09443 GUMIEL DEL MERCADO (Burgos)
Tfno. +34 947 546 900 | info@pradorey.com | www.pradorey.com

被葡萄園包圍的皇家酒莊，葡萄香氣四溢，處處保留優雅
精緻的皇室氣息，正如透亮的酒體，滑順入口又高級。

Adaro 2015
阿達羅紅葡萄酒 2015

酒體呈鮮豔濃烈的櫻桃紅，開瓶後散
發出水果、森林紅莓果、香草以及甘
草的混合香味。

口感 |
豐富，清爽宜人。適合與伊比利特色
小吃（火腿，香腸類）、肉類、紅醬
義大利麵類搭配。

Pradorey Élite 2014
普拉多雷伊 · 埃利德紅葡萄酒

酒體透亮，呈桔紅色。開瓶後，散發出成
熟果香和礦物的香味。

口感 |
入口潤滑，在口中留下成熟莓果的餘香，
適合與當地的美食烤肉、山禽野味，以及
紅肉類搭配。

Pradorey Finca Valdelayegua 2015 Crianza
普拉多雷伊 · 瓦德萊耶瓜精選葡萄酒 2015

酒體透亮，呈濃烈的櫻桃紅。開瓶後散發出濃郁
的紅莓果香。

口感 |
豐富香氣十足，適合與烤肉、山禽野味、乳酪等
搭配。

04 ——

杜羅河畔的百年王者
普羅多斯酒莊

　　普羅多斯酒莊起源於 1927 年，共有十一位創始人，都是葡萄種植從業人員。酒莊起初起名叫「杜羅河畔」，酒莊成立的宗旨是想要釀造質量更高級的葡萄酒，如今酒莊已經有九十年歷史了，但對於出產高品質葡萄酒的熱情始終沒變。

BODEGAS PROTOS

　由於對品質的追求、對葡萄的精心選擇、對釀造程序的嚴格控制，使得該酒莊出產的葡萄酒在世界上享有極高的聲譽，也使得普羅多斯（Protos）這個葡萄酒品牌成爲在全世界葡萄酒愛好者口中，評價極高的葡萄酒品牌之一。

　酒莊只採用當地原產的葡萄來釀製葡萄酒。1982 年，該地區被認證爲葡萄酒原產地，而原產地便借用了當時酒莊的名字「杜羅河畔」來命名。如今，普羅多斯酒莊是當地酒莊中的佼佼者，它的高品質產品遍布全世界 100 多個國家，在一些主要的國際市場上，如美國、英國、德國和亞洲，還設有專門的經銷商。

　2008 年，由得過普利茲克獎的英國著名建築師 Richard Rogers 爲酒莊設計的新建築開始啓用。新舊酒莊結合在一起的普羅多斯酒莊著實讓人驚嘆，內部由一條長達二‧五公里的地下展廳，每年大約有三萬五千人次的旅客，也成功促進了當地的葡萄酒旅遊產業。當然，普羅多斯酒莊獲獎無數，如「年度酒莊」、「優秀品牌」和「最佳食品工業獎」等更是年年獲獎。

Info

C/Bodegas Protos, 24-28 | 47300 PEÑAFIEL (Valladolid)
Tfno. +34 983 878 011 | Fax. +34 983 878 012 | enoturismo@bodegasprotos.com. |
www.bodegasprotos.com

維持一貫對高品質葡萄酒的追求，獲獎無數的普羅多斯酒莊，以顏色濃烈的櫻桃紅酒體和濃郁口感，吸引了無數品酒與釀酒職人。

Reserva
普羅多斯珍藏葡萄酒

酒體呈濃烈的櫻桃紅。

開瓶後，香味濃郁，能嗅出森林黑莓果、乳香、煙燻味。

口感 |
入口濃烈，微帶酸味，果味和煙燻味，層次分明餘香持久。適合與烤肉、燉湯和乳酪搭配。

Gran Reserva
普羅多斯經典珍藏葡萄酒

酒體呈櫻桃紅，顏色濃烈。

開瓶後，香味優雅濃郁，能嗅出咖啡、黑巧克力和水果的香氣。

口感 |
入口酒香濃烈，口感絲滑餘香持久。適合與烤肉和乳酪類搭配。

Grajo Viejo
老烏鴉紅葡萄酒

葡萄來自於古老烏鴉 (El Grajo Viejo) 農場，所以該葡萄酒也因此得名。

酒體呈濃烈的櫻桃紅，乾淨透亮。能嗅出成熟的森林黑莓果、煙燻味、黑巧克力和香草的香氣。

口感 |
同樣厚重濃烈，帶著森林紅莓與黑莓的酸甜味，還能品嚐出香草、木桶與黑胡椒的味道，口內餘香持久，適合與烤肉，牛排，豬排或羊排，燉肉或乳酪類搭配。

LUGARES DE
INTERÉS EN LA
D. O. RIBERA
DEL DUERO

杜羅河岸擁有豐富的歷史文化遺產與自然資源，美食與葡萄酒文化也是遠近馳名，一年四季都很適合旅遊，距離馬德里只有一小時的車程，春季可以騎自行車或步行參觀古堡。夏季可以留宿葡萄園中的飯店，品嚐美酒，在泳池邊享受日光浴。秋季是葡萄收穫的季節，許多遊客選擇秋季參觀杜羅河岸，因為可以看見工人在葡萄園中忙碌及時收割葡萄，壓榨和釀造的過程。冬季可以看到工人們修補葡萄藤、眺望遠處高山的雪景，還可以去各酒莊參觀，留宿在當地的溫泉度假村。

杜羅河岸周邊城鎮的美食各有特色，特別推薦烤羔羊，一般餐館都有提供，在阿蘭達德杜羅和貝納菲爾 (Peñafiel) 地區尤其出名。當然也少不了點上一瓶杜羅河岸地區的紅酒搭配才算完整。除了烤羔羊以外，該地區的美食還包括：灌腸類，如血腸、香腸，還有乳酪、香菇，卡斯蒂亞燉湯、羊排、山禽野味。甜點則有：橄欖薄餅、千層酥餅、蛋黃甜糕等，都是當地的特色料理。

沿著杜羅河畔，由東到西，從索尼亞出發，沿途經過布哥斯省和瓦亞多利德省，一般在重要景點都設有旅遊服務處。除了本書介紹的酒莊外，旅途中還會看到許多其他酒莊，有些也會開放參觀並提供葡萄酒免費品嚐。

聖艾斯提班德戈瑪茲（San Esteban de Gormaz）

這個中世紀小鎮只有不到三千人的人口，座落在杜羅河畔上，在歷史上曾有著重要的影響力。

從市政廣場出發，有兩座羅馬式教堂值得參觀，聖米格爾教堂（San Miguel）與里薇蘿聖母教堂（Nuestra Señora del Rivero），分別修建於公元十一和十二世紀。在小鎮外的高地上，仍保留一座中世紀城堡的殘骸，它曾經是在伊比利亞半島的穆斯林人監視杜羅河畔來往過客的重要據點。

聖瑪莉亞得拉薇修道院 · Monasterio de Santa María de La Vid

起初只是一個小小的羅馬式修道院，後來受到西班牙國王阿隆索七世與八世的重視，隨著時間推移，修道院的面積越來越大，新增添的建築也加入了哥德式的元素。在公元十六世紀，一個名叫 Iñigo

López de Mendoza 的藝術收藏家，想把這座修道院變成家族最後安息的場所，所以修建了一個新的迴廊和教堂，這時修道院已有了很大變化，不過翻新和擴建並沒有停止，在之後的十七和十八世紀還做了許多擴建，不過 1835 年，皇家頒布了一系列法令，強迫僧人離開修道院，該修道院也未能倖免，於是便逐漸開始落沒，直到法令頒布後

的幾十年才被奧斯汀修會的僧人佔用。

修道院提供導覽服務，遊客可以參觀教堂、迴廊和它的博物館，館內收藏有大量的油畫、象牙製品、中世紀的金銀首飾，以及大量中世紀的古書籍。在眾多藏品中，其中要數一份寫在羊皮紙上的可蘭經最特別，不過謄寫的作者是誰，至今仍不得而知。

如果只是想要找個清淨的環境，集中精神冥想或深度放鬆，可以入住在修道院裡的客房，在杜羅河畔樹木的包裹下，體驗這難得的「世外桃源」。

阿蘭達德杜羅（Aranda de Duero）

阿蘭達德杜羅座落在杜羅河地區的中心地帶，人口大約三萬三千人，西班牙首都馬德里來此只有不到兩個小時的車程，交通便利，吸引了許多對該葡萄酒產地感興趣的遊客。在這可以探訪許多深具特色的酒莊，品嚐別具風味的葡萄酒，欣賞河畔的大自然風光，還有廣闊的葡萄園地，相當適合與家人朋友一起享受假期。

皇家聖瑪麗教堂 · Santa María la Real

教堂原本是羅馬式風格，後來於十五世紀整修後變成哥德式風格，只有教堂的塔樓還保存了舊教堂的風貌。修建於公元十六世紀的教堂大門值得遊客仔細觀賞，有大量的植物、人物和徽章的精細雕刻。

聖胡安教堂 · San Juan

　　修建於公元十四至十五世紀。教堂的南門非常值得駐足參觀，也是教堂的主要進出口，大門上有各種植物和人物雕刻裝飾。如今這座教堂也是一座博物館，收藏了大量來自該地區的藝術品，館內有不同區域，分別展示有雕塑、首飾、油畫和多媒體裝置藝術等，讓遊客在參觀過程中不至於感到過於枯燥。

　　鎮上還有其他許多大大小小的博物館值得參觀，例如，火車博物館（Museo del Tren），帶遊客回到蒸汽火車時代；球形之家博物館(Museo Casa de las Bolas)，展示了菲利斯·卡納達（Félix Cañada）畢生的油畫收藏；還有一座葡萄酒酒窖博物館（el Centro de Interpretación del Vino- Bodega de las Ánimas），遊客可以了解葡萄酒對該地區的重要性，以及葡萄酒的釀造生產過程。（阿蘭達德杜羅地區的地下便有135家酒窖！）

　　其他民間建築有貝爾圖古宅(la casa palacio de los Berdugo)，是一座位於阿蘭達德杜羅市中心文藝復興時期的民宅建築，還有連

接小鎮和杜羅河對岸各種修建於中世紀的橋，如市政橋（Puente Mayor），貝殼橋（Puente Conchuela），和羅馬橋（Puente Romano）等。

貝蘭納達德杜羅（Peñaranda de Duero）

　　貝蘭納達德杜羅是該地區最美的小鎮之一，除了許多歷史遺蹟外，當地民宅建築風格也頗具特色，是石材和木質結構的組合，遊客可以從座落在小鎮最高點的城堡開始參觀，在那兒可以一覽全鎮風景。西班牙貴族迪雅哥‧德蘇尼加 （Diego de Zúñiga）在公元十五世紀時重新整修過城堡，使城堡的箭塔尤其突出。

　　小鎮市中心可以在王室之街（Calle Real）漫遊，並參觀阿維亞內達宮殿（Avellaneda）和教堂。 阿維亞內達宮殿是座文藝復興時期的建築，大門牆上有許多漂亮繁複的裝飾，大門方向朝向市政廣場，宮殿是兩層結構建築，中間是天井和迴廊，殿內天花板也很值得一看，是現存西班牙十六世紀最美的建築物之一。

　　宮殿對面便是聖安娜教堂，由西班牙十六世紀最重要的建築師 Rodrigo Gil de Hontañón 負責修建。由於教堂十分高大，在小鎮的市區非常顯眼，如果還有時間，也推薦法蘭西絲娜聖母修道院（las Madres Franciscanas Concepcionistas）和卡門修道院（Convento del Carmen），它們也都是西班牙公元十六世紀的傑出建築。

在貝蘭納達有一家現存西班牙最古老的藥房，是來貝蘭納達一定要參觀的景點之一，藥房成立於十八世紀之初，到如今已經是第八代傳人。

 ## 羅阿鎮（Roa）

這座位於布哥斯的小鎮，座落在杜羅河畔邊的高地上，歷史可以追溯到羅馬時期，由於位置的優勢，曾是西班牙基督徒和穆斯林人搶奪的重要戰略位置。至今還保存了部分十三世紀末修建的城牆。

鎮上最重要的建築是聖母升天教堂（Iglesia de la Asunción），坐落在小鎮的市政廣場旁，教堂內收藏有西班牙歌德時期、文藝復興時期和巴洛克時期的雕像和油畫。

其它的參觀景點，有聖胡安教堂（San Juan）和聖艾斯提班教堂（San Esteban），兩座歌德式風格的教堂在十六世紀被重新翻新。還有建於公元十六世紀的聖胡安醫院（Hospital de San Juan Bautista），如今是該葡萄酒原產地質量監管會的辦公室。醫院對面是考古博物館，游客在那可以充分了解當地文化，從舊石器時代、石器時代，再到羅馬人統治時期，最後到中世紀的歷史脈絡。

在節慶日時，會有奔牛賽跑，小鎮會在指定的地點放出一群牛，人們跑在牛群前面，牛群在後面追趕。

最後，還可以去小鎮的眺望台，在那兒可以眺望整個杜羅河畔的山谷，在眺望台旁邊還有一座公元十四世紀的大砲。

聖多明戈 SANTO DOMINGO DE GUZMÁN

聖多明戈是基督教歷史上最重要的聖人之一，出生於西元1170年，布哥斯（Burgos）的卡萊魯埃加小鎮 (Caleruega)。傳說多明戈的母親在懷孕時做了個奇怪的夢，夢到有一條狗從她肚子裡跑出來，嘴裡還叼著一隻點燃的火炬。她不明白夢境所傳達的意思，於是就到附近的修道院祈禱，終於在那裡她明白了夢境的含義：她的兒子將會通過傳教的方式，點燃世間耶穌的星星之火。

聖多明戈的童年是在布哥斯的卡萊魯埃加小鎮和古米耶爾德桑小鎮 (Gumiel de Izán) 渡過的，之後移居到帕倫西亞（Palencia）學習藝術與神學。聖多明戈創建了多明尼加教派而出名，於1221年在義大利的波隆那（Bologna）逝世，西元1234年，當時的教皇賦予多明戈聖人的稱號，從此多明尼加教派的信徒呈倍數增長，在之後的幾世紀，多明尼加的信徒遊走於美洲和亞洲各地之間傳教。

多明尼加共和國為了紀念這位聖人，所以把它的首都取名為聖多明戈。

貝納菲爾（Peñafiel）

在還沒到達貝納菲爾時，從遠處就可以瞧見座落在小鎮最高點的城堡。從 1999 年開始，這座城堡算得上是西班牙最重要的葡萄酒博物館之一，館內展示了葡萄種植文化和歷史，以及釀造過程。

博物館著重介紹了瓦亞多利德省，因為該省是西班牙擁有葡萄酒原產地最多的一個省份，有雷昂領地（Tierra de León）、杜羅河岸、希加雷斯（Cigales）、多羅、盧耶達產地。館內還有專門品酒的大廳、資料圖書館以及紀念品商店。

柯索廣場 · Plaza del Coso

結束城堡導覽之後，便可抵達貝納菲爾小鎮，從柯索廣場開始參觀，旅遊問詢處也在廣場旁邊，提供遊客具體的旅遊線路和參觀景點。廣場的結構是一個不規則的四邊形，佔地三千五百平方米，廣場四周由四十八座石材、木頭和磚塊的建築組成，在 1999 年申報為文化旅遊項目。廣場上經常會有表演活動，為了助興，每個建築物的陽台都有細心地裝飾過。

聖保羅多明尼加修道院 · Convento de San Pablo

很值得參觀，修建於公元十四世紀中期，是一座穆斯林哥德式風格的建築。修道院內有一間小教堂，建於十六世紀，是西班牙文藝時期早期的作品，如今教堂內有多媒體展示，向遊客介紹教堂的歷史與內部裝飾的細節。聖克拉拉修道院（Santa Clara）也是個不錯的景點，該修道院修建於十七世紀，直到 2001 年還有修女居住在裡面，之後被整修成水療飯店。很適合遊客放鬆身心，同時享受美食的絕佳去處。

聖瑪麗亞教堂 · Iglesia de Santa Maria

遊客可以參觀位於教堂內部的藝術博物館，館內收藏了大量的油畫、雕塑作品、歷史捲軸和金銀飾品。利貝拉之家博物館（La Casa Museo de la Ribera）是一座三層傳統式建築，可以體會西班牙二十世紀時期人民的生活和習俗。週六和週日的時段，遊客可以通過演員的表演更生動地了解當地的風土民情。

貝納菲爾是最後一個原產區範圍內的城鎮，但是該原產區並不止於此，在向瓦亞多利德西部方向，沿著杜羅河畔還有好幾十公里的葡萄種植地。

聖瑪麗亞修道院 · Monasteio de Santa Maria de Valbuena

聖瑪麗亞修道院座落在聖貝納多小鎮 (San Bernardo) 鎮，距貝納菲爾十七公里，該修道院是歐洲天主教建築群中保存最完好的一座，建於公元十二～十三世紀，室內由頂樑柱分成三條長廊，中間通過圓拱連接，聖壇是十八世紀巴洛克風格，用於朝拜聖母升天，修道院內還保存了西班牙十七世紀最傑出的雕刻家之一，格雷戈里歐·費南德斯 (Gregorio Fernández) 的兩座雕塑作品。

在修道院盡頭的其中一側，有一間專門供貴族葬禮使用的祈禱室，室內的牆上可見些許哥德式風格的壁畫，畫作創作於十三世紀，至今仍保存完好，在藝術史上有重要的意義。

迴廊位於修道院南邊，分為兩層，迴廊的底層建於公元十三世紀，參觀重點在於它精細的尖頂連環拱結構和圓柱上的植物裝飾，迴廊的第二層建於公元十六世紀，屬於文藝復興時期風格，修道院的廚房，餐廳，待客室和僧人的工作室都座落在迴廊四周。

如今，聖瑪麗亞修道院是人類歷史遺產基金會基金會總部，基金會是一個致力於保護、整修和傳播卡斯蒂亞—里昂地區教會的文化遺產，大部分這些富有歷史氣息的建築，目前都已改建成旅店和溫泉度假中心，也成了全世界遊客放鬆身心，享受美食的場所。

古老又頂級的葡萄酒產地 ——————

里奧哈

DENOMINACIÓN DE ORIGEN RIOJA

RIO EBRO
艾波羅河

Bodegas Puelles
皮耶斯酒莊

Laguardia
拉瓜迪亞

Marqés de Riscal
里斯卡侯爵酒莊

Logroño
洛格羅尼奧

Briones
布里翁內

Elciego
艾謝戈

Cenicero
塞尼瑟洛

Santo Domingo
de la Calzada
聖多明戈
卡爾薩達

Marqés de Cáceres
卡賽瑞侯爵酒莊

Marqés de Murrieta
穆瑞塔侯爵酒莊

Nájera
納赫拉

Calahorra
卡拉歐拉

Alfaro
阿爾法洛

ZARAGOZA
薩拉戈莎

Qiero fer una prosa en romanz paladino,
en qal suele el pueblo fablar con so vezino,
ca no so tan letrado por fer otro latino:
bien valdra, commo creo, un vaso de bon vino.

Vida de Santo Domingo de Silos
Gonzalo de Berceo, 1230-1237

我想用白話文寫一首詩,
用普通人聊天時說的白話文來寫,
我雖學識不深 寫不出拉丁文:
但這詩,我想,也值得換一杯好酒。

聖道明的一生
貝瑟歐,1230-1237

歷史背景

　　里奧哈在葡萄酒的創新上一向是業界先鋒。推出多款獨具特色的葡萄酒後，不但成功在市場佔有一席之地，更成為歐洲最古老且頂級的法定產區之一。如今，里奧哈已躋身為全球五大著名葡萄酒產地之一。

　　早在兩千多年前，這個地區就已經開始種植葡萄。在此地發現的許多羅馬時代遺跡中，都能見證當年的景況。幾百年後的中世紀時代，由修道院將這一帶的葡萄酒文化保留了下來。十五世紀起人們開始販售葡萄酒，產量出現明顯的上升。但是，直到十九世紀後半才是里奧哈葡萄酒真正起飛的時代，當時這裡成立了幾家大酒莊，並逐漸引進新的釀酒法。

　　如今，里奧哈已經是西班牙最古老的法定產區，所生產的葡萄酒也獲得全球消費者青睞。

地區氣候

里奧哈葡萄酒原產地位於西班牙北部，剛好座落在埃布羅河（río Ebro）兩岸，區內還可以細分成三個地區：里奧哈—阿拉維薩（Rioja Alavesa）、上里奧哈（Rioja Alta）和下里奧哈（Rioja Baja），土壤和氣候特徵都非常適合葡萄藤發育。

上里奧哈位在產區的西半邊，氣候受大西洋和地中海影響。土質多為白堊土、亞鐵土和沖積土。里奧哈—阿拉維薩位在上里奧哈的北邊，南有埃布羅河、北接坎達布里亞山。

氣候與上里奧哈相近，土質則為白堊黏土，葡萄園多位於梯田和小塊土地間。下里奧哈位在東部地區，屬地中海氣候，因此較另外兩個地區更乾燥炎熱。這裡的土質主要是沖積土和亞鐵土。

此地最高的葡萄藤生長在海拔七百公尺處。目前受法定產區保護的葡萄種植面積，一共有六萬五千公頃，分布情況如下：里奧哈一百一十八個城鎮、阿拉瓦（Álava）十八個城鎮，以及納瓦拉（Navarra）的八個城鎮。本產區的葡萄酒年產量在二億八千萬至三億公升，其中90%是紅酒，其他是白酒和粉紅酒。

葡萄類型

在里奧哈葡萄酒原產地地區規範中，明訂受保護的葡萄品種如下：

◆**紅葡萄**：田帕尼優、格那希（garnacha）、馬綏羅（mazuelo）、格拉西亞諾（graciano）和紅馬圖拉那（maturana tinta）。

◆**白葡萄**：維尤拉（viura）、馬瓦希亞（malvasía）、白格那希（garnacha blanca）、白田帕尼優（tempranillo blanco）、白馬圖拉那（maturana blanca）、圖倫泰斯（turruntés）、夏多內（chardonnay）、白蘇維濃（又名長相思，sauvignon blanc）和弗德喬。

里奧哈的葡萄酒根據陳放時間分為四種等級：「產地保證」（Garantía de Origen）、「佳釀」（Crianza）、「珍藏」（Reserva）與「特級珍藏」（Gran Reserva）。

這裡的分級制度跟多羅區是一樣的，只是一般來說里奧哈的標準會稍微高於其他地區，在新酒（Joven）的名稱上，里奧哈地區稱新酒為Garantia de Origen。

BODEGAS
酒莊

里奧哈產區

在里奧哈葡萄酒原產區中有近千家酒莊，分別位在上述提到的三個地區，其中幾大著名酒莊是：皮耶斯酒莊、里斯卡侯爵酒莊、卡賽瑞侯爵酒莊，以及穆瑞塔侯爵酒莊。

BODEGAS PUELLES

01 ——

尊重生態的環保種植法
皮耶斯酒莊

　　這座宏偉的酒莊位於阿巴羅（Ábalos），附近有一座十七世紀的老磨坊。這座由家族經營的酒莊，不但生產適合日常飲用的優質葡萄酒，也有適合特殊場合的絕美佳釀。

　　皮耶斯酒莊的葡萄園，主要種植的紅葡萄品種是田帕尼優，採用尊重生態的環保方式，不使用任何化學肥料和除草劑，除非必要，不施加任何添加物或進行人工處理，因此葡萄產量中等。

　　酒莊內設有飯店，提供舒適的客房和美味健康的早餐。飯店環境溫馨，適合遊客坐在桌邊享用美酒、與親友暢談。

　　飯店內設有水療中心，供房客免費使用。中心內有溫水游泳池、蒸氣烤箱和水療按摩區，向外望去可欣賞葡萄園美景。別忘了這裡還提供全套葡萄酒療程，透過舒緩身心的按摩，用另一種方式來享受美酒。

　　酒莊提供的兩種參觀行程，都需要事先預約。第一種是日常參觀，帶領遊客了解製造、陳釀和裝瓶過程，並走訪葡萄園和酒莊。參觀時間約爲六十分鐘，費用爲六歐元，並提供五款不同的葡萄酒供遊客品飲。

　　另一種是特別參觀行程，首先帶領遊客參觀數百年前釀酒的洞穴，以及阿巴羅的舊城區。之後詳細解說製造、陳釀和裝瓶過程，以及走訪葡萄園和酒莊。

　　此行程提供五款不同的葡萄酒品飲，包括新釀紅白酒、佳釀、珍藏和特級珍藏等級的葡萄酒。另外還可以品嚐兩款頂級的皮耶斯塞諾斯（Puelles Zenus）葡萄酒，並附有下酒小食。參訪時間約爲一百五十分鐘，費用爲每人二十五歐元。

　　酒莊提供品酒教學，帶領學員認識並分辨全球著名的各大產酒區。如果是團體參觀，還能安排品酒比賽等特別活動，讓參加者互相競爭，

比較誰能分辨出最多不同的酒，對愛酒人來說，一定是非常有趣的行程。酒莊有線上商店，供民眾查詢各款葡萄酒的特色、單瓶和成箱葡萄酒的價格，以及訂購方法。

葡萄酒療程

里奧哈的葡萄，包括葡萄籽、果皮和葡萄葉中，抗氧化或抗自由基的因子都比維生素 E 的效果更好，因此抗老功效更明顯。經過適當調配，能更快滲透肌膚，加速人體對有效成分的吸收。抗衰老的效果也來自於葡萄藤的活性因子，能修復結締組織的膠原蛋白纖維和彈性蛋白纖維。同時修復人體的循環系統，強化並保護微血管、靜脈和動脈的血管壁。

葡萄酒按摩

葡萄籽油裡含有大量抗氧化成分。葡萄採收後先進行榨汁，製作釀酒用的葡萄漿，再將葡萄籽從剩餘的渣滓中分出來榨油。葡萄籽油含有潤膚成分，最適合用來滋潤和滋養肌膚，在修護、再生肌膚的同時，使皮膚更加柔嫩有彈性，讓皮膚更健康、清新。同時還能調理肌肉、幫助提升人體健康，葡萄籽還可以促進微循環、強化心血管系統，帶來清爽、放鬆的感覺。

進行葡萄籽油按摩時，遊客可選擇舒緩放鬆按摩或治療型按摩。葡萄籽油富含抗氧化物、微量元素和維生素 A、C 和 D。能活化心血管系統，並能有效預防橘皮組織。

Info

Camino de los Molinos, s/n, 26339 ÁBALOS (LA RIOJA) |
Tfno. +34 941 334 415 | informacion@bodegaspuelles.com | www.bodegaspuelles.com

在最古老的法定產區中，皮耶斯酒莊不只生產適合一般大眾的優質葡萄酒，更有適合特殊場合的醇美佳釀，並以其優雅、圓潤、後韻持久獲得好評。

Puelles Gran Reserva 2005

皮耶斯 2005 特級珍藏

這款葡萄酒適合搭配味道清淡的料理，適合與親友邊聊天邊緩慢品飲。酒色是濃厚的深櫻桃紅，帶有黑色和紅色水果的香氣。果味與酸度均衡。

口感 |
成熟優雅。酒體圓潤、濃郁且後韻持久。

Molino de Puelles 2009

皮耶斯磨坊 2009

精選酒莊中「磨坊葡萄園」(Finca del Molino) 的優質葡萄釀製而成，採用生態栽培法，僅以硫磺粉進行人工處理。酒液為石榴紅和櫻桃紅，邊緣略帶紫羅蘭色。香氣帶有黑色和紅色水果的氣味，以及木頭和礦物質的味道。

口感 |
果味濃厚，單寧明顯但不刺激。味道濃郁、肥厚且持久。

Puelles Zenus 2010
皮耶斯塞諾斯 2010

結合阿巴羅多地區各個葡萄園的不同元素，包括土壤、葡萄園、微氣候等，使這款紅酒極具特色。酒色是深櫻桃紅。帶有紅色水果和橡木的香氣。

口感 |
喝起來結構均衡，果味、單寧和橡木風味完美融合。是一款有特色、優雅且後韻圓潤的酒。

由摩登莊園圍繞的古老酒莊
里斯卡侯爵酒莊

在加拿大建築師法蘭克‧蓋瑞（Frank O. Gehry）的規劃設計下，一項規模龐大的計畫在里斯卡侯爵酒莊裡誕生。這便是酒莊的精神所在：在同一座建築中，使用最現代化的材料、融合傳統與創新，的確是建築上的大考驗。法蘭克‧蓋瑞設計的壯觀建築裡是一座飯店，將此地豐富的景觀和里斯卡侯爵酒莊的建物結合，構築成一座名爲「美酒之都（La Ciudad del Vino）」的空間，讓所有來到這裡的遊客，都能享受難得且獨特的體驗。

園區佔地約十萬平方公尺，全部投入在葡萄酒的製造、養護和研究，讓遊客能透過最純粹自然的方式，盡享葡萄酒和釀酒人所帶來的

MARQUÉS
DE RISCAL

各種體驗。透過與眾不同且更加深入的方式,來了解葡萄酒文化及其
精華。美酒之都的中心,當然是里奧哈最古老的酒莊,也就是歷史可
上溯到 1858 年的里斯卡侯爵酒莊。除了 1883 年之後擴增的建築以
外,其他座落在葡萄藤間的莊園房舍,都保存古老建築物的獨特魅力,
充分表達出人們對葡萄的敬意。里斯卡侯爵酒莊的葡萄種植面積高
達一千五百公頃,分佈在艾謝戈 (Elciego)、列薩 (Leza)、拉瓜迪亞
(Laguardia) 和維亞貝納 (Villabuena) 等鄰近村鎮。

　　里斯卡侯爵融合傳統和創新的概念，將酒莊古老的建築，與蓋瑞所設計的新大樓完美結合。美酒之都可說是西班牙 21 世紀的釀酒大廠。如今，里斯卡侯爵生產的葡萄酒，已銷往全球一百一十多個國家，佔酒莊總產量的 60%。此外，亦在西班牙其他重要葡萄酒產區設廠，例如在盧耶達就有佔地二百三十公頃的葡萄園。

里斯卡侯爵飯店 (Hotel Marqués de Riscal)

　　由著名的喜達屋（Starwood）酒店及度假村國際集團經營，隸屬於集團旗下的「豪華精選」（The Luxury Collection）系列飯店。

　　法蘭克・蓋瑞設計的室內裝潢色彩繽紛，極具現代感，與周遭環境相互呼應，營造出宜人的氛圍。43 間客房內皆配有最尖端的家電，裝潢既現代舒適。遊客可以在戶外茶座兼瞭望台欣賞葡萄園美景，遠眺艾謝戈鎮和坎達布里亞山脈。休息室兼圖書館位於飯店頂樓，專供飯店住客使用。內有沙發和壁爐，並可在露台上坐享附近風光。葡萄酒

館兼咖啡館位在大廳一側，設有令人印象深刻的酒瓶架和露台，賓客可在此啜飲葡萄酒，享受這裡提供的多樣化下酒小菜。

里斯卡侯爵美食餐廳
(Restaurante Gastronómico Marqués de Riscal)

　　由里奧哈第一位米其林星級主廚，法蘭西·潘晶戈（Francis Paniego）擔任餐廳顧問。饕客在享用美酒之外，還能大啖巴斯克和里奧哈地區最著名的佳餚。在兼具傳統與現代的獨特環境中，盡享精緻美饌。酒單包括超過 300 款來自全球各地的葡萄酒，並提供酒莊著名年份的垂直品飲。2011 年，里斯卡侯爵美食餐廳首度獲得第一顆米其林星級認證。餐廳設有露台，上方架有鈦合金遮陽板，夏季時適合在此眺望艾謝戈鎮和坎達布里亞山脈。

歐緹麗葡萄酒療中心 (Spa Vinothérapie® Caudalie)

　　美酒之都提供的各項服務中，還包括最新的歐緹麗葡萄酒療中心。中心位在里奧哈最古老的葡萄園間，讓賓客在絕佳的環境中放鬆身心，體驗葡萄和葡萄酒的甦活功效。按摩師會根據葡萄和葡萄酒的天然多酚成分，設計專屬的美容舒壓療程。中心內設有室內游泳池、土耳其浴室、健身房、按摩室，並提供美容護理。

婚宴會館

　　美酒之都備有現代化設施，可作爲會議中心舉辦大型活動。佔地 1,200 平方公尺的聖維森酒窖 (bodega San Vicente)，引入自然光源，非常適合舉辦活動和宴會。除了可以將場地分隔成不同區塊以外，還提供可容納七百人的聖維森廳 (sala San Vicente) 和奇瑞爾廳 (sala Chirel)。如果要舉辦隱密性高、不對外公開的董事會議，則可以選擇第十六號套房，套房中還可欣賞蓋瑞暨艾謝戈側翼 (ala Gehry y Elciego) 的景色。

　　另外，飯店還設有七座適合舉辦社交活動的露台。傳統與現代融爲一體的宜人環境，加上飯店在籌備活動的豐富經驗，以及高度專業化的員工，使里司卡侯爵飯店成爲舉辦大型慶祝活動的絕佳場所。飯店獨家提供各式雞尾酒、開胃酒食和套餐，以及其他與活動相關的各類服務：包括服務生與廚師、杯盤餐具、家具、裝飾品、場地裝潢和舞池等。

Info

C/Torrea, 101340 ELCIEGO (Álava) | Tfno. +34 945 606 000 |
Fax. +34 945 606 023 | marquesderiscal@marquesderiscal.com |
www.restaurantemarquesderiscal.com/ | www.marquesderiscal.com |
週一至週日（上下午時段不同）每人 12 歐元。視情況提供不同種類的酒莊導覽。

酒莊體現了歷史與現代的完美結合，從製造、設備、莊園，留給顧客溫柔深入的體驗。這份體驗也表現在酒體裡，濃郁芬芳的香氣一如酒莊的美好。

Frank Gehry
Selection 2012
法蘭克 · 蓋瑞精選 2012

酒色為櫻桃紅，香氣濃郁、有層次，帶有成熟黑色水果味、香脂味和輕微的礦物底韻。這款酒適合搭配火腿、熟成時間不長的乳酪、調味清淡的燉菜、水煮或燉煮蔬菜及豆類、家禽、紅肉和燒烤的肉類菜餚。

口感 |
清新、結構良好，明顯但不刺激的單寧味，替這款酒帶來溫暖醇厚的口味；由於利用法國橡木桶進行桶藏，在綿長的後韻中可以感受到些微烘烤味。

Barón de Chirel 2013
奇瑞爾男爵 2013

這款酒自 1986 年即開始生產。必須在阿利埃橡木桶 (roble de Allier) 中桶陳十八至二十四個月，再進行至少兩年的瓶陳。酒色是漂亮的櫻桃紅，層次分明，香氣濃郁芬芳，阿利埃橡木的烘烤味和香料味非常明顯。

口感 |
清新醇厚，單寧柔和優雅，後韻長而均衡。適合搭配火腿和熟成乳酪、紅肉、家禽和燉煮野味，例如加入濃重醬料烹調的鷓鴣、兔肉、鹿肉、野豬或狍子等。

Rosado
里斯卡侯爵粉紅酒

這款酒以古典主義和精緻概念為主軸，利用壓制工藝釀造，有粉紅酒少見的細緻、清新與柔和口感。酒色為明亮活潑的淡粉色。帶有濃郁的草莓和覆盆子香氣，及一絲花香。

口感 |
清新、均衡，後韻充滿宜人的酸度。這款酒適合搭配魚類、海鮮，義大利麵和米飯。

Marqués de Cáceres

03 ——

傳承法國葡萄酒經營哲學
卡賽瑞侯爵酒莊

在 1970 年，恩立奎・佛爾納 (Enrique Forner) 結合了上里奧哈世代釀酒的葡萄酒世家，以及鄰近幾座擁有絕佳風土的葡萄園，成立了卡賽瑞侯爵酒莊聯合有限公司 (Marqués de Cáceres, Unión Vitivinícola, S.A.)。

佛爾納家族在法國擁有豐富經驗，更將波爾多兩大葡萄酒廠的經營哲學帶到里奧哈，以品質至上的商業模式徹底革新里奧哈的葡萄酒業。直到如今，家族的第四代傳人克莉絲汀娜，依然奉行相同的宗旨。

1970 年，創始人將法國釀酒所秉持的中心思想轉移到里奧哈，至今

MARQUÉS DE CÁCERES

仍是酒莊所有者遵循的守則：以生產優質葡萄酒為原則，不斷投入資金在研發創新與新科技。同時，不盲目跟隨潮流，以免影響到葡萄酒業最核心的製程，以便生產高品質葡萄酒，供消費者與親朋好友共享。避免葡萄酒品質跟卡賽瑞家族的歷史一樣，不斷跌宕起伏。

酒莊名稱是佛爾納家族的一位老朋友讓渡的，這位友人名字叫維森特‧諾蓋拉‧艾斯賓諾薩‧蒙特羅（Vicente Noguera Espinosa de los Monteros），他是卡賽瑞侯爵和西班牙大公。這個侯爵封號起源自十八世紀，當時的西班牙國王授與皇家海軍上尉，璜‧安布羅修‧賈西亞‧卡賽瑞‧蒙特馬約（Juan Ambrosio García de Cáceres y Montemayor），以感謝他在兩西西里戰爭中對皇室的傑出貢獻。現任的卡賽瑞侯爵，璜‧諾蓋拉，也與佛爾納家族一同經營酒莊。

卡賽瑞侯爵酒莊位於塞尼瑟洛（Cenicero），距離洛格羅尼奧

(Logroño) 僅二十公里遠，位處上里奧哈中心地帶。十九世紀下半葉，葡萄根瘤蚜肆虐歐洲各地葡萄園時，波爾多的紅酒商人便選中上里奧哈生產的酒，來補足當時的短缺。

塞尼瑟洛是里奧哈重要的釀酒城鎮，此地鄰近埃布羅河，土壤和微氣候都相當適合葡萄生長。

這個行政區裡，近九百八十六公頃的葡萄園都與卡賽瑞侯爵酒莊合作。酒莊 1970 年代起，便與葡萄園園主建立起穩固的貿易和商務關係，絕大多數的葡萄園仍由原本的地主或其後人經營。

如今，卡賽瑞侯爵酒莊所生產的葡萄酒，有一半以上都出口至全球一百二十多國。生產的葡萄酒全國知名，同時獲得國際飲品雜誌《Drinks International》列入全球五十大酒廠之一。

酒桶儲藏室藏有八十桶葡萄酒，木桶由法國和美國櫟樹製成。儲藏室採用恆溫控制。

多樣化的酒莊參訪

　　酒莊設計了一系列不同的行程，以滿足不同遊客的需求，包括提供兩種傳統葡萄酒試飲的參觀行程，以及品嚐卡賽瑞侯爵特殊酒款的導覽。

頂級導覽參訪

　　遊客可探訪塞尼瑟洛的酒窖，在里奧哈最重要的地區享受獨一無二的體驗。行程包括酒莊導覽，以及四款葡萄酒品飲，包括：安提亞限量版白酒（Antea）、特級珍藏酒、頂級陳年紅葡萄酒（MC）與酒神限量酒（Gaudium），並品嚐產自附近卡美洛斯地區（Cameros）的半熟成乳酪。

　　酒莊有線上商店和英文網頁，供消費者查詢旗下所生產的酒款。

Info

Avenida de Fuentemayor, 11 ｜ 46350 CENICERO (La Rioja)

Tfno. +34 941 454 000 ｜ comunicacion@marquesdecaceres.com ｜

www. marquesdecaceres.com

VINOS

推薦葡萄酒

承襲法國釀酒世家的經驗與哲學，結合擁有絕佳風土的葡萄園，嚴謹的製程與恆溫控制，讓酒莊推出清新、深沉、柔順等各式風味的珍貴葡萄酒。

Marqués de Cáceres. Crianza

卡賽瑞侯爵佳釀葡萄酒

在法國和美國橡木桶中桶陳十二個月。色澤是明亮的紅寶石色調。紅色水果的香氣十分清新、明顯，帶有香料味和柔和的烘烤味，使這款酒格外有深度。

口感 |

綿長、持久而強烈。與多汁的單寧結合成容易品飲的風味。是一款令人享受的葡萄酒。

Marqués de Cáceres. Reserva

卡賽瑞侯爵珍藏葡萄酒

必須在以劈切法製成的法國橡木桶中桶陳十二個月，而且只有在年份特佳時才會釀造。酒色深沈濃郁。聞起來有黑莓味、烘烤味、木頭味和帶甜味的香料味。

口感 |
口味甜美，豐富的果味和成熟的單寧交織出濃郁的口感。是一款優雅有層次的珍藏葡萄酒。

Marqués de Cáceres. Gran Reserva

卡賽瑞侯爵特級珍藏葡萄酒

在橡木桶中桶陳二十四到三十六個月，僅在年份特佳時釀造。酒色濃沈，邊緣略帶淺褐色。有蜜餞、黑李、香脂、木材和些許的丁香氣味。

口感 |
味道豐富，成熟的單寧與新鮮有活力的香氣，搭配出柔順且綿長的口感。

歐洲葡萄酒最獨特的世界
穆瑞塔侯爵酒莊

十九世紀，盧西亞諾‧穆瑞塔（Luciano de Murrieta）在獨一無二的伊凱莊園（Finca Ygay）中，興建了伊凱堡（Castillo de Ygay），並在此成立穆瑞塔侯爵酒莊的總部。經歷浩大的修復工程後，城堡保留了對過往的尊重和對未來的期許，成為代表酒莊的經典建築。在佔地超過四千平方公尺的石造城堡內，保留許多里奧哈葡萄酒的珍貴文件和設備，以及全球數一數二的私人藏酒。

伊凱堡匯集了悠久歷史和尖端科技，堡中設有品酒室、適合接待小型或大型團體的沙龍，以及適合企業或個人使用的多功能廳室。

伊凱莊園位在上里奧哈南部，佔地三百公頃的葡萄園，讓酒莊得以全然掌控釀酒廠最珍貴的資產，也就是五種不同品種的葡萄。漫步在葡萄園間，彷彿走入歐洲葡萄酒最獨特的世界裡。

MARQUÉS DE MURRIETA

酒窖

穆瑞塔侯爵是第一個專注在里奧哈葡萄酒的企業，使里奧哈成爲全球知名的葡萄酒產地。

葡萄酒百分百使用伊凱莊園生產的葡萄釀造。由於產量有限，因此不但品質優良，且擁有其他品牌難以比美的獨特性。穆瑞塔也是這一帶最國際化的酒莊之一，70% 的葡萄酒銷往全球一百個國家。

穆瑞塔侯爵已完成全面翻新，使酒莊再度成爲全球最佳釀酒廠。重生後的穆瑞塔侯爵酒莊多次獲得國際各大獎項，包括 2015 年全球最佳酒莊，以及榮獲 PR 評分一百分滿分的伊凱堡白酒（Castillo Ygay Blanco），是西班牙史上唯一獲得滿分榮耀的白酒。儘管獲得了各種獎項，但酒莊仍持續不斷追求卓越。

Info
N-232ª, Km 402 26006 LOGROÑO (La Rioja)　|
Tfno. +34 941 271 380　|　comunicacion@marquesdemurrieta.com　|
www.marquesdemurrieta.es

頂著全球最佳酒莊的殊榮，掌控五種不同品種的葡萄，白酒、紅酒、粉紅酒都是酒莊獨樹一幟的佳釀指標，搭配西班牙道地料理的完美融合，吸引無數老饕。

Capellanía 2012
卡佩雅尼亞 2012

風味醇香的優質葡萄酒。這款白酒極具個性、口味獨特，可以與魚類、肉類、伊比利豬肉等多種菜餚搭配，非常有陳年的潛力。適合搭配半熟鴨肝、苦橙與薑製的果醬、肥母雞、紅酒燉洋梨和紅酒燉松露、燻鮭魚、芥末醬醃菜和紅色莓果。

口感 |
極具個性、口味獨特。

Marqués de Murrieta. Reserva
穆瑞塔侯爵珍藏

這款優雅的珍藏級紅酒融合了層次感與精緻感，並將穆瑞塔紅酒的特色結合了現代氛圍。適合搭配下列菜餚：蒸烤鱈魚、松露大蝦、烤鹽漬鱈魚佐洋蔥青椒、香煎牛里脊、油炸綠蘆筍佐胡蘿蔔泥、軟質乳酪與藍紋乳酪拼盤、紅酒櫻桃蜜餞。

口感 |
深沈、單寧非常細膩清新，味道相當和諧。

Marqués de Murrieta. Primer Rosé
穆瑞塔侯爵粉紅酒

酒色為淡粉紅色，是一款充滿生命力的優雅葡萄酒。帶有清新的果味。適合搭配奶油大蝦燉飯、培根脆片、香煎扇貝、馬鈴薯泥佐松露、醋漬鶬鴣幕斯佐胡椒鴨肉醬、番茄酪梨薄荷冷湯佐煙燻鰻魚。

口感 |
帶有清新的果味。

里奧哈葡萄酒產區周邊景點

LUGARES
DE INTERÉS
EN LA D. O. RIOJA

里奧哈葡萄酒產區是極富魅力的地方，遊客可以在此享用美酒、優美的風景和極具意義的歷史古蹟。這裡是伊比利半島葡萄酒釀造和販售企業最密集的地方，既有諸多百年歷史酒窖，也有國際知名建築師興建的前衛建築。

可以透過幾條不同的葡萄酒之路，深入了解此一產區，體驗越來越受歡迎的美酒之旅。途中可以欣賞到以葡萄園為主角的大自然絕景，並能參加附近小村鎮舉行的節慶活動—聖週(Semana Santa)，體驗多變的文化。

聖週是紀念耶穌受難、死亡及復活的宗教年度盛典，於天主教禮儀裡四旬期的最後一週舉行，從復活節前一個週日算起七天為聖週。遊行則是聖週期間一大盛事，龐大的隊伍中，聖像及懺悔者為不可或缺的元素，由懺悔者扛著置於聖輛上的聖像，懺會者隊伍由各教會教徒組成，懺悔者穿著不同顏色長袍，頭罩西班牙錐形尖帽（Capirote）遮住臉龐，通常分為四種顏色：綠色、白色、紫色、紅色。

里奧哈生產許多高品質農產品，例如朝鮮薊、花椰菜、甜菜、甜椒和蘆筍。這裡的道地菜餚包括燉菜、馬鈴薯燉肉腸、香料烤羊排等都非常適合搭配里奧哈葡萄酒享用。

洛格羅尼奧（Logroño）

洛格羅尼奧是里奧哈自治
區的首府，位於產區中心，從
上述的幾座酒莊前往都很方
便，前往本章介紹的其他景點
也很便利。

里奧哈有廣大的綠地，許
多酒莊、餐廳和咖啡廳。從
市區可以步行前往幾個值得
參觀的宗教建築，例如聖巴
多羅繆教堂（iglesia de San
Bartolomé）、聖瑪麗亞教
堂（iglesia de Santa María
del Palacio）、聖雅各教堂
（iglesia de Santiago）、聖瑪
麗亞主教座堂（concatedral
de Santa María de la Redonda）和慈悲修道院（convento de la
Merced）；以及其他民間建築，例如現爲里奧哈博物館的艾斯巴特羅
宮（palacio del Espartero），和十六世紀的城牆遺跡。這裡保留了許
多十九和二十世紀的建築。

阿法洛（Alfaro）

這座小鎮距離洛格羅尼奧七十七公里，位處法定產區的最東邊。目
前人口數爲一萬人，並保有古羅馬時代的遺跡。

聖米蓋爾協同教堂 · Colegiata de San Miguel

　　最引人注目的是十六、十七和十八世紀的建築。遊客不妨從西班牙廣場開始，參觀那裡的聖米蓋爾協同教堂，這座教堂擁有宏偉的磚造主立面，以及兩座高聳的塔樓。教堂內保存了不少非常有價值的作品，例如唱詩班座位、主祭壇或聖器收藏室。這棟建築外牆上緣處，有高達一百三十個鸛巢，是全世界單一建築上密度最高的鸛巢群。

埃布羅河灌木解說中心 · Centro de Interpretación de los Sotos del Ebro

　　廣場邊的埃布羅河灌木解說中心供民眾免費參觀。受人類開發影響，埃布羅河沿岸灌木面積逐漸縮小，目前僅有少數幾個地方還保留著濕地和矮林，阿法洛鎮屬於自然保育區，因此灌木中心針對河岸一帶的動植物，規劃一系列詳盡的解說。值得一提的是河岸的鸛鳥棲息地。由於在協同教堂上架設了攝影機，民眾可以在螢幕上即時觀看鸛鳥的活動。

　　在阿法洛的古城區，有幾座屬於古老貴族世家的巴洛克宅邸，以及其他宗教建

築，例如聖方濟修道院（convento de San Francisco）和聖母無原罪始胎修道院（convento de la Inmaculada Concepción），都是十七世紀的磚造巴洛克建築。

卡拉歐拉（Calahorra）

這座小鎮人口共兩萬四千人，位在洛格羅尼奧東南方五十五公里處。此地歷史悠久，很可能在鐵器時代就已有人跡，此後，許多不同的文明也曾在這裡出現。市立博物館保留了不同時期的遺跡，特別是羅馬時代的文物。這裡最著名的古蹟是位在下城區，鄰近席達科河的（río Cidacos）聖瑪麗亞主教座堂（catedral de Santa María）。

教堂的哥德式建築主要興建於十五世紀。教堂的主立面和聖海洛尼莫之門（puerta de San Jerónimo）探文藝復興時代的風格，塔樓的外觀也值得一看。內部空間寬廣，三個中殿上方有十字形的拱頂。聖保羅禮拜堂（capilla de San Pedro）、聖器收藏室和哥德式的修院也頗具特色。

塞尼瑟洛 (Cenicero)

位在洛格羅尼奧西方二十公里處的塞尼瑟洛，是里奧哈歷史最悠久的釀酒村鎮。這裡四處皆是葡萄園，鄰近埃布羅河，遠眺坎達布里亞山脈。這裡的聖馬汀教堂 (iglesia de San Martín) 保留了一部分十六和十八世紀古蹟；山谷聖母小禮拜堂 (ermita de la Virgen del Valle)，則有十八世紀興建的主立面。此地也保留了許多巴洛克時代的宅邸和宮殿，例如修女之家 (Casa de las Monjas)，現已改爲文化之家 (Casa de Cultura)，正面外牆就相當值得一看。

 ## 艾謝戈 (Elciego)

從洛格羅尼奧往西北方走二十公里，可以抵達位在里奧哈——阿拉維薩區的艾謝戈市，是此區葡萄園最多的市鎮。聖安德列教堂佇立在美麗的舊城區，是十六世紀的建築。教堂西側的主立面兩旁，有兩座五角形的塔樓。內部保留了許多繪畫、雕塑和其他裝飾。

主廣場也非常優美，廣場旁有其他景點，例如十八世紀的廣場聖母小禮拜堂 (ermita de la Virgen de la Plaza)、同樣十八世紀興建的市政廳 (Ayuntamiento)，及拉米瑞皮西納宮 (palacio de los Ramírez de la Piscina)。

遊客不妨在市區的美麗街道間漫步，欣賞

宮殿和宅院的建築，拉東蓋瓦拉宮（palacio de
los Ladrón de Guevara.）便相當值得一看。

　　這座古老的城市已經成功適應了新的時代，
里斯卡侯爵飯店就是最棒的證明，這座驚人的
作品出自加拿大建築師，法蘭克·蓋瑞的手筆，
他也是畢爾包古根漢美術館的建築師。

拉瓜迪亞（Laguardia）

　　這座城鎮距離洛格羅尼奧僅十八
公里，屬於里奧哈－阿拉維薩地區，
位處山坡地，遠眺坎達布里亞山脈，
放眼望去大多是葡萄園。這裡保留了
通往村落的城門和城牆，以及優美的
舊城區。沿著石材鋪就的街道和廣
場，彷彿走入時光隧道。

聖瑪麗亞教堂·
Iglesia de Santa María de los Reyes

　　位在北方，是鎮上最重要的古
蹟，旅遊諮詢中心提供免費導覽。教堂南面有一座十四世紀的石雕門
面，在十七世紀曾進行過重新上色。門上有讚美聖母瑪麗亞的圖樣，
無疑是西班牙最美的哥德式建築。

院牧塔 · Torre abacial

　　另一座重要建築是位在西北方的院牧塔，塔上分別有十二、十三和十四世紀修建的痕跡。塔底呈四方形，原本可能是本篤會修道院的塔樓。後來改為瞭望塔，用來加強西半邊城牆的防禦功能。

　　整座鎮上都有地下酒窖，數量高達共保留三百二十座。其中部分酒窖開放民眾參觀，部分現已改為餐廳。鎮上的綠地開闢了適合兒童遊玩的設施。

 布里翁內 (Briones)

　　位在洛格羅尼奧以西三十四公里處，是里奧哈風光最優美的小鎮之一。此地保存豐富的遺跡，步行便能抵達古代城牆、城門的遺跡，也可以前往城堡遺址，欣賞埃布羅河的美麗景致。

　　鎮上主要的古蹟是聖母升天教堂 (iglesia de Santa María de la Asunción)，教堂中保留了文藝復興時代和巴洛克時代的建築元素。教堂內還有一座 1767 年製造的管風琴。另一座重要的宗教建築，是十八世紀興建的基督小禮拜堂 (ermita del Santo Cristo de los Remedios)。鎮上的其他建築也非常突出，例如十六世紀的秦

科謝宮（palacio de los Quincoces）、十八世紀的嘉戴亞宮（palacio de los Gadea），和同屬十八世紀，位在主廣場邊的的聖尼可拉侯爵宮（palacio del Marqués de San Nicolás）。

這裡的葡萄酒文化博物館（Museo de la Cultura del Vino）舉世聞名，是必訪的景點。

納赫拉（Nájera）

從洛格羅尼奧往西南方走二十六公里，便來到納赫拉，這裡是里奧哈歷史上最重要的城鎮。納赫拉位在法國朝聖之路（Camino Francés）上，因此從世界各地前往聖地牙哥的朝聖者，都會經過這裡。中世紀曾經十分繁榮，如今仍保有十一世紀的聖瑪麗亞修道院（Monasterio de Santa María la Real），後來在十五和十七世紀分別進行過整修。優美的哥德式修道院和神殿間，是中世紀國王和皇后的安眠之地。十六和十七世紀的聖克魯斯教堂

(iglesia de Santa Cruz) 也值得造訪。如果想放鬆身心，可以前往安靜宜人的納赫利亞河畔散步。

在納赫拉西南方十七公里處有一片天然美景，相距不遠的蘇索修道院 (monasterio de Suso) 與尤索修道院 (monasterio de Yuso) 佇立在這裡。兩座修道院都在 1997 年成為世界文化遺產，除了極具藝術價值之外，在歷史上也非常重要；最古老的西班牙文，就是院中修士所寫下的。

聖多明戈卡薩達 (Santo Domingo de la Calzada)

位在洛格羅尼奧以西四十五公里處，這裡雖然已經不在里奧哈法定產區的範圍內，但也只有幾公里的差距。此地不僅是朝聖之路上的重要城市，也是里奧哈保留最多歷史和藝術古蹟的地方，絕對是必訪景點。

這座城市仍保留了大部分的城牆，以及幾座塔樓。城中最特別的就是主教座堂，因為堂中匯聚了不同時代的藝術風格，包括羅馬、哥德、文藝復興和巴洛克的元素。教堂內有三座中殿，上方有十字形拱頂，保留了不少重要的繪畫和雕塑作品。遊客不妨登上塔樓，欣賞附近美景。

主教座堂後方便是西班牙廣場 (Plaza de España)，廣場上經常舉辦許多有趣的活動。廣場旁便是巴洛克風格的市政廳。

白葡萄酒的治癒天堂 ————

盧耶達

DENOMINACIÓN DE ORIGEN RUEDA

　　盧耶達的葡萄酒能治療傷病，沒有人會討
厭這樣的治癒方式吧。因為大病初癒和品嚐葡
萄酒是人生兩大樂事。盧耶達的葡萄種植者
呀，又到了收穫的季節了！在裝滿葡萄的木桶
之上，為這幸福的創造者立一塊紀念碑吧。

歷史背景

　　盧耶達葡萄酒原產地位於卡斯蒂亞－里昂自治區內。該原產地由
七十四個地區組成。其中五十三個區域座落在瓦亞多利德省的南邊，
有十七個地區在塞哥維亞省的西面，還有四個在阿維拉省（Ávila）的
北邊。

　　在對本地區自產的白葡萄弗德喬（Verdejo）多年的辛苦栽培和種
類保護之後，1980 年一月十二號，盧耶達成爲卡斯蒂亞——里昂自治
區第一個葡萄酒原產地。該地區從公元十九世紀開始種植弗德喬，最
終它成爲盧耶達地區申請葡萄酒原產地的關鍵。根據 2014 年的最新記
載，盧耶達葡萄酒原產地的總面積爲一萬二千九百九十五公頃。

地區氣候

　　該地區的葡萄總值面積很廣，但是葡萄種植區域主要集中在拉賽卡（La Seca）、盧耶達和塞拉達（Serrada）。

　　該地區的是大陸性氣候，所以冬天又長又冷，對葡萄樹的休眠很有幫助，春天很短暫，夏季炎熱乾燥，全年少雨。所以葡萄樹只能把根延伸到土壤下很深的地方去尋找水分。而晝夜溫差大對葡萄的酸度和甜度起了很好的平衡作用。由於該地區土壤的特質，土壤的透氣性和疏通性非常適合葡萄的種植，所有這些特定的條件，使得該地區產出的白葡萄酒質量非常高，得到國際上廣泛的認可。

Tipos de uva
葡萄類型

盧耶達是歐洲少數幾個專門產出白葡萄酒，以及對本地區的葡萄種類（弗德喬，盧耶達地區主要的葡萄種植類型）加以保護的地區之一。

除了弗德喬之外，該紅酒原產地還產其他類型的白葡萄，它們是：

◆**長相思（Sauvignon Blanc）**

◆**維奧納（Viura）**

◆**帕洛米諾（Palomino Fino）**

從 2008 年起，盧耶達地區也用弗德喬，通過傳統方法釀製出一系列的氣泡葡萄酒，並得到消費者的廣泛認同。

BODEGAS
酒莊

盧耶達產區

盧耶達葡萄酒原產地有 67 家酒莊，分佈在
該地區的各個角落。當中我們精選出以下
幾個具有代表性的酒莊：蒙娜德酒莊，波
爾諾皇宮，艾雷斯瑪酒莊和依夜娜集團。

01 ——

十九世紀傳承的百年莊園
蒙娜德酒莊

　　通過參觀酒莊，可以了解到他們是如何利用現代化的釀酒設施種植葡萄的，跟盧埃耶達地區的其他酒莊一樣，你可以悠閒地坐在露台上，品嚐手中香甜的葡萄酒，一邊欣賞著四周優美的景色。也可以參觀拉賽卡地區的地下酒窖，它的歷史可以追溯到公元十九世紀，你可以參觀到盛滿葡萄酒的酒桶、葡萄酒儲藏室以及當地的第一份報紙。並且有多種葡萄酒品嚐的參觀選項供遊客選擇。

Menade

Info

Ctra. Rueda-Nava del Rey, Km 1 (VP 8902) 47490 RUEDA (Valladolid)
Tfno. +34 983 103 223

置身在蒙娜德酒莊，最愜意的莫過能將田野一眼望盡的香甜葡萄，幻化成手中的陳釀美酒。獨飲由 100% 弗德喬、蒙娜德釀造而成的迷人香氣。

Menade Verdejo
蒙娜德弗德喬

100% 弗德喬。顏色泛黃，陽光下泛著綠光，清澈透亮。帶著水果和一縷草本（月桂，茴香和百里香）的香氣。

口感｜
入口後，口感豐富順滑。蒙娜德的弗德喬在亞洲市場已有出售。

Menade Sauvignon
蒙娜德長相思

100% 蒙娜德。酒體金黃色，帶著薄荷和橘子皮的香氣。

口感 |
入口後，能品嚐出木瓜和熱帶水果的淡淡甜味。

Nosso
蒙娜德天然白葡萄酒

100% 弗德喬。由於它的加工方式，建議讓酒在酒杯裡沉澱一小段時間後再品嚐。此酒聞著有濕潤的土地香氣。

口感 |
入口後，能嚐出葡萄的清香和大自然土壤的氣味。該酒正在引入亞洲市場。

02

第一個生產氣泡紅酒的
波爾諾皇宮

　　波爾諾皇宮有酒莊坐落在盧耶達，從 1976 年營業至今，擁有二百七十五畝的葡萄種植地，分佈在盧耶達、波略斯（Pollos）和拉賽卡。

　　經過四十年的辛苦經營和不斷創新，波爾諾皇宮成為了盧耶達葡萄酒原產區最知名的酒莊之一，該酒莊的紅酒遠銷全球五大洲，並不斷開拓新的市場。

　　波爾諾皇宮從 1978 年起便開始生產氣泡紅酒，成為卡斯蒂亞－里昂地區第一個生產氣泡紅酒的酒莊。酒莊充分利用弗德喬的特質，通過傳統的加工方法，加工出高質量的氣泡紅酒。

PALACIO DE BORNOS

　　波爾諾皇宮爲葡萄的種植做了大量的研發工作。他們的目標是要把最好的葡萄樹種在最好的土地裡，然後產出最好的葡萄酒，在酒莊旁邊有一家商店和咖啡廳，在那裡可以找到該酒莊集團所有的葡萄酒，以及卡斯蒂亞－里昂地區的特產。

Info

Ctra. Madrid - Coruña Km. 170.6 ｜ 47490 RUEDA (Valladolid)

Tfno. +34 983 868 116 ｜ info@bornosbodegas.com ｜ www.palaciodebornos.com

將氣泡紅酒推向全世界的知名酒莊，波爾諾皇宮以盧耶達的白葡萄弗雷僑，為葡萄酒世界做出了貢獻，清澈如陽光反射的酒體帶入味蕾，實為優雅的吸引力。

Palacio de Bornos Verdejo
波爾諾皇宮弗德喬

100% 弗德喬。酒體成淡淡的黃綠色，散發出濃郁的花香。

口感 |
酸度十足，並帶有水果的香甜。

Palacio de Bornos
Sauvignon Blanc
波爾諾皇宮長相思

100% 長相思。酒體淡黃清澈。散發出濃郁的葡萄藤香氣。帶著熱帶水果和花的香甜。

口感 |
清新，豐富。

Palacio de Bornos
Verdejo La Caprichosa
波爾諾皇宮弗德橋

100% 弗德喬。採摘自種植在多石，貧瘠土地裡的成年葡萄樹。浸泡時間長，發酵時間緩慢。酒體透亮，呈小麥色，泛著綠光。帶著濃濃的白果香氣。

口感 |
清新，醇厚細膩，香氣持久。

03

先進技術栽培
艾雷斯瑪酒莊

　　酒莊修建於 2006 年，坐落在奧爾梅多（Olmedo），瓦亞多利德省的南邊。擁有二百公頃的葡萄種植地，分佈在拉塞卡、盧耶達、塞拉達。

　　葡萄種植在潮濕多雨的土壤裡，土壤裡的小碎石比較多，益於通風和灌溉。土壤裡的鈣和鎂元素也比較豐富。海拔介於七百米到八百米之間，成為產出高品質葡萄的關鍵因素。

　　酒莊主要加工以下類別的葡萄：弗德喬，該葡萄是該紅酒原產地主要的葡萄品種，佔了酒莊 80% 的產量。長相思，法國葡萄品種，由上世紀 70 年代引進盧耶達地區，為葡萄酒增加了少許花香的元素。

BODEGAS ERESMA-LA SOTERRAÑA

此種葡萄有八公頃的種植面積。維奧娜
（Viura），只採用少量的此種葡萄，用
來中和葡萄酒的口感和質地。

　　酒莊備有浸泡設備和冷藏室，並採用
最先進的技術，採用不銹鋼貯存設備，恆溫控制。

　　酒桶儲藏室藏有八十桶葡萄酒，木桶由法國和美國櫟樹製成。儲藏
室採用恆溫控制。

Info

Carretera N-601, Km. 151 47410 OLMEDO (Valladolid)

Tfno. +34 983 601 026 | info@bodegaslasoterrana.com | www.bodegaslasoterrana.com

掌握盧耶達弗德喬與來自法國的長相思，珍貴精緻的小麥黃色酒體，發散著葡萄藤蔓與淡淡香氣，增添高級質感。

Eresma
艾雷斯瑪白葡萄酒

由特殊工藝加工而成，年產量僅有1221 瓶。酒體呈小麥黃色，微泛著淡淡的綠色。

口感 |
豐富濃烈。這是一種新型的葡萄酒，香氣質樸，氣質優雅。帶著黃楊木和茴香的氣味，之後慢慢變成礦物和柑橘香。

Eresma Verdejo

艾雷斯瑪弗德喬白葡萄酒

酒體呈小麥黃色，泛著淡淡的淺綠色。初
期有乾草和茴香的香味，之後慢慢變成花
香和果香，像蘋果的香味。

口感｜

濃烈醇厚，夾雜著弗德喬特有的酸澀。適
合和魚類、白肉、菇類、鳥禽類、海鮮類
搭配飲用。

Eresma fermentado en barrica

艾雷斯瑪桶釀白葡萄酒

酒體呈小麥黃色，泛著淡淡的綠色，清亮透底。
起初有可可和香草的煙燻味，之後慢慢轉化爲水
果的香味，如杏桃，西洋梨，鳳梨，檸檬皮，和
些許的花香、青草香。

口感｜

香醇細膩，酸味強烈。帶著一絲乾草和梅子的味
道。適合於和燒烤肉類，海鮮類以及甜點類搭配。

04 ——

擁有四座酒莊的
依夜娜集團

依夜娜集團成立於 20 世紀 70 年代，座落於盧耶達。最近幾年，由於該酒莊的葡萄酒價格實惠，品質優良，種類多樣，使得該集團的名聲，不管是在西班牙市場還是在國際市場上都得到很大的進步。

依夜娜集團有四座酒莊，每個各司其職。在盧耶達地區有兩個：一個叫做雅麗亞德娜（El Hilo de Ariadna）和另外一家非常現代化的酒莊，在 A6 高速路段的出口處。這個酒莊出產依夜娜弗德橋（Yllera Verdejo）白葡萄酒，和經典弗德喬葡萄酒（Cantosán）。經典弗德喬葡萄酒是最早的一批弗德喬葡萄酒，早在盧耶達產區還沒成為葡萄酒原產地之前便開始生產。另外，在盧耶達的酒莊還生產該集團最知

GRUPO
YLLERA

名的葡萄酒，依夜娜紅葡萄酒系列：陳釀、精選和大師級，以及其他系列的紅葡萄酒，如：Cuvi，氣泡紅酒（Cantonsán）和依夜娜私藏氣泡酒（Yllera Brut Privée）等，該集團在盧耶達葡萄酒產區還有兩外兩個酒莊。

　　雅麗亞德娜酒莊坐落在盧耶達的中心，這座酒莊的結構像一座迷宮，有一條建於公元十九世紀的地下隧道，長達一公里，大大小小的岔路穿梭在幾層樓之間，深度達到 20 米。如今被改造成可容納 300 人的餐館，提供該地區的特色菜餚。同時也可以舉辦活動和會議。

Info

Ctra. Madrid - Coruña Km. 173,5 47490 RUEDA (Valladolid)

Tfno. +34 983 868 097 | grupoyllera@grupoyllera.com | www.grupoyllera.com | www.elhilodeariadna.es

輕晃明亮的酒體，彷彿能穿越透明玻璃聞到清新果香的絕佳味道。清淡卻令人醉心的氣味，絕對是依夜娜集團最亮眼的表現。

Yllera Verdejo Vendimia Nocturna

依夜娜夜之曲

酒體呈麥黃色，帶一點淺綠色，清新的果香：青蘋果、桃子、柚子、檸檬、枇杷、荔枝等。後味帶著一絲苔蘚和乾草的香味。

口感 |

清新，酸度適宜，適合搭配開胃菜，海鮮和魚類，清淡的風味同時也非常適合搭配米飯，天婦羅和日本料理。

Yllera Sauvignon Blanc

依夜娜長相思

酒體呈麥黃色，帶一點綠色和金色，帶有熱帶水果香氣，如芒果、百香果、鳳梨、香蕉和些許青草香，帶著該葡萄酒品種典型的酸味。

口感|

口感清新，適合海鮮和魚類，也非常適合搭配壽司等清淡的日本料理。

Cantosán Verdejo Viñas Viejas

老藤氣泡白葡萄酒

酒體呈麥黃色，帶一點鋼綠色。聞著有葡萄酒的基本香味：青蘋果、桃子、柚子、檸檬、枇杷、荔枝等。又帶有一絲苔蘚和乾草的香味。

口感|

清新，酸度適宜。相當適合搭配海鮮與清淡料理。

盧耶達葡萄酒產區觀光景點

LUGARES DE INTERÉS EN LA D. O. RUEDA

整個盧耶達葡萄酒產區的風景都可圈可點，不過，我們推薦一條與葡萄酒相關的旅遊線路。包括了瓦亞多利德（Valladolid）、阿維拉、塞哥維亞等十三個城鎮，你可以好好感受這個產區的秀麗風景和歷史文化。

在這條旅遊路線的官方網頁上（http://www.rutadelvinoderueda.com），可以知道到該路線的所有資訊（旅遊中心、商店、旅館、溫泉度假村、餐館等），還有所有酒莊的營業時間、聯繫方式和其它訊息。該路線沿著杜羅河（Río Duero）左岸前行，起初可以看見大片的青草地和松樹林，之後慢慢就變成了成片的葡萄園。到處都有散落的歷史遺跡，你可以拜訪中世紀的教堂、修道院或是城堡，如座落在梅迪納德爾坎波（Medina del Campo）的古老城堡。

除了美景之外，你也可以享用當地的美食，烤乳羊和烤乳豬是當地必嚐餐點，通過代代相傳的傳統爐灶燒烤而成。還有薩拉曼卡的濱豆、薩莫拉的蠶豆、乳酪、菇類等。另外，一些傳統糕點也值得品嚐。

最後值得一提的是，離盧耶達葡萄酒原產區不遠的一個城市，瓦亞多利德，它是卡斯蒂亞－里昂的省會，擁有豐富的文化遺產，一些西班牙重要的商業區也在那裡。

盧耶達（Rueda）

盧耶達葡萄酒產區就是以盧耶達城來命名的，它擁有很多重要的參觀景點，整座城市被西班牙政府列爲文化歷史遺產保護。在 A-6 高速公路段，它坐落在離瓦亞多利德四十公里。離梅迪納德爾坎波十一公里的地方，與馬德里相連。沿途中可以看到松樹林、橄欖樹林、麥田、以及葡萄園。

盧耶達城市的起源可以追溯到古羅馬時期，當時的羅馬人建立了盧耶達城，不過羅馬時期的建築已經所剩不多，現在還保存完好的建築大多是屬於後羅馬時期，例如，現在的市政府，雖然已經翻新過多次，但它的主牆還是保留了十五世紀的面貌。其他還保存完好的建築大約也是公元十八世紀留下的，所以是以巴洛克風格爲

主，比如聖母升天教堂（Nuestra Señora de la Asunción）和另一座小教堂（Ermita del Cristo de las Batallas）。

盧耶達城內有許多旅店和飯店可供遊客選擇，2012 年盧耶達成功申請了葡萄旅遊節，在每年的十月舉行。這裡的所有一切都與葡萄酒息息相關，僅是在城市中心便有二十一家酒莊。其中還不乏有屬於其他葡萄酒原產地的酒莊。

拉塞卡（La Seca）

　　拉塞卡是盧耶達葡萄酒產區最值得參觀的地區之一，不管你是喜歡地區古蹟、歷史遺產，還是民族文化好者，你都可以發現拉塞卡的特別之處。尤其如果你是葡萄酒文化的愛好者，那拉塞卡一定是你不可錯過的地方！拉塞卡最著名的建築是聖母升天大教堂，由黑爾德翁達諾（Gil de Hontañón），西班牙十九世紀傑出的建築師設計建造。教堂裡擺設有瓦亞多利德地區最大的巴洛克式的管風琴。

　　拉塞卡地區有著許多跟葡萄相關的傳統文化和節日。在盧耶達葡萄酒產區內，它擁有卡斯蒂亞－里昂地區最大的葡萄種植面積，以及大量在國際上享負盛名的酒莊。

梅迪納德爾坎波（Medina del Campo）

　　梅迪納德爾坎波，有二十一萬常住人口，是盧耶達葡萄酒產區內人口最多的一個地區。有高速路和高鐵直通馬德里和瓦亞多利德。

　　早在二千五百年前，就有人類居住在這片土地，在公元十五世紀末期和十六世紀初，是梅迪納德爾坎波的鼎盛時期，歐洲的各大商販都聚集此地買賣商品。

　　梅迪納德爾坎波的主要景點都集中在市區，四周都是熙熙攘攘的遊客，熱鬧的廣場和各式各樣的商店。大多數的商店，餐館和銀行都

集中在市政廣場附近。市裡的主要宗教建築聖安東林，座落於市政廣場上，該教堂修建於十六世紀和十七世紀之間。市政廣場上還有市政府，也是公元十七世紀的建築。

這有許多值得參觀的景點，不管是民宅還是跟宗教相關的建築，但是最具有代表性的景點，當屬一座修建於公元十二世紀和十五世紀之間的城堡（Castillo de la Mota），城堡建在高地上，正好可以鳥瞰全市。這座雄偉的堡壘的主塔高 40 多米，整體被完整地修復過，是西班牙最著名的城堡之一！

如今，梅迪納德爾坎波被列為國際旅遊景點，有大量的遊客到此地觀光，復活節期間遊客數量更是倍增。

如果你想要放鬆一下，在距離此地五公里不到的地方，有座溫泉度假村—Gran Hotel Balneario Palacio de las Salinas。從 1891 年開業至今，是西班牙歷史最悠久的溫泉度假村之一。酒店配套完善，水質優良，擁有八萬平方米的綠化面積，高爾夫球場，網球場，健身房和提供按摩，理療等服務。

 托爾德西利亞斯（Tordesillas）

　　托爾德西利亞斯的歷史和文化遺產，使它成為旅行中必須拜訪的景點之一。 1494 年，就是在這裡，葡萄牙和西班牙簽訂了瓜分新大陸（那時剛發現美洲大陸）的合約，因此被叫做「托爾德西利亞斯條約」。同時，這裡也是西班牙最著名的皇后－瘋狂的胡安娜（Juana，la Loca），大半生被囚禁的地方。

　　1977 年，這個杜羅河流經的小鎮被列為文化藝術遺產，小鎮裡古蹟的重要性可想而知。首先，我們推薦你參觀一座十四世紀中期與皇家修道院聖克拉拉融為一體的伊斯蘭教風格的古代皇宮，之後，便可以去小鎮裡逛逛，你可以看到其他的歷史遺跡，如：聖安東林教堂、聖佩德羅教堂、聖瑪麗亞教堂、人潮湧動的市政廣場和中世紀的古橋。

　　你會看到有兩座連在一起的古代宮殿，叫做 Las Casas del

Tratado，就是當時簽訂「托爾德西利亞斯條約」的地方，現在則是旅遊服務處，不僅可以提供此地區的旅遊訊息，還可以提供盧耶達地區紅酒旅遊線路的訊息。這裡被認為是西班牙和葡萄牙商業往來的起源的發展地。

瘋狂的胡安娜

Juana de Castilla，也被稱為 Juana la Loca（瘋女胡安娜），是歐洲歷史上最不幸的女王之一。

卡斯蒂雅女王胡安娜與當時人稱美男子的菲力一世結婚，儘管必須忍受一連串欺騙與不忠，胡安娜依然瘋狂愛著他。1506 年菲力一世因傷寒病逝於布哥斯，嚴重影響胡安娜的精神狀態，幾個月來，她緊抱著丈夫的棺木不願離去，最終，菲力一世被葬在格拉納達的皇家禮拜堂。

菲力一世過世後，胡安娜的父親與兒子為王位合法繼承人，胡安娜被其父親以心智喪失的理由監禁在托拉德西利亞（現今西班牙的巴利亞多利德）的一座宮殿，其餘生都在冷清的宮殿裡度過，最後抑鬱而終。

幾個世紀以來，這個悲劇性角色對後人有著難以抗拒的吸引力，這就是為什麼有很多小說，戲劇，電視劇和電影都將胡安娜作為主角的原因。

奧爾梅多（Olmedo）

奧爾梅多名字的由來，是因為以前在這片土地有大量的榆樹林，如果要遊覽奧爾梅多的話，那一定要去卡斯蒂亞－里昂地區伊斯蘭教風格的主題公園。從 1999 年營業至今，佔地一萬五千平方米，公園內有二十一座按照 1：8 比例建造的仿製建築，遊客可以參觀到卡斯蒂亞－里昂地區所有伊斯蘭教風格的建築。

如果說奧爾梅多還有什麼出名的話，那就是由西班牙黃金時代最著名之一的劇作家，詩人洛佩·德·維加（Lope de Vega）創作的作品「一位奧爾梅多的貴族」。2005 年，在聖胡里安廣場建造了一座叫做「奧爾梅多貴族」的大樓。裡面有城堡、劇院和詩人洛佩·德·維加，通過趣味性的互動，以及感官和情感上的刺激，帶遊客穿越時空，回到西班牙黃金時代。

在一年之中，奧爾梅多會慶祝許多大大小小的節日。其中，最重要的是傳統的奔牛節，被列為該地區重點旅遊項目，慶祝時間在每年的九月二十九號、三十日和十月十日。

其他景點

盧耶達葡萄酒產區內還有一些值得
參觀的地區都在瓦亞多利德省內，例如：
塞拉達、波薩爾德斯（Pozaldez）、納
瓦德爾雷（Nava del Rey）、夫雷斯諾
埃爾維耶霍（Fresno el Viejo）、馬塔
波蘇埃洛斯（Matapozuelos）、莫哈
多斯（Mojados）、阿萊霍斯（Alaejos）
和卡斯特羅努尼奧（Castronuño）。

在塞拉達，除了有許多重要的巴
洛克時期的建築物之外，比較值得參
觀的就是座落在藝術大道（Paseo del
Arte）上的露天博物館，有許多西班牙
國內和國際藝術家的作品在這裡展覽。

在波薩爾德斯有許多重要酒窖，可見這片土地葡萄種植的歷史非
常悠久。納瓦德爾雷是產區歷史遺跡最豐富的城鎮之一，最主要的建
築是聖胡安教堂。由十六世紀西班牙最著名的建築師 Rodrigo Gil de
Hontañón 參與完成建造，教堂內的聖壇是來訪一定要參觀的景點。
市政廣場也是必訪的景點，它與號稱西班牙最美的薩拉曼卡的市政廣
場是同一位設計師的作品。

在夫雷斯諾埃爾維耶霍可以參觀當地民族文化博物館，所有年齡的
遊客都適合。博物館裡陳列了耕作農田的器具、傳統的農業工具，和
家庭用具。同時有一個自然類展廳，展廳是舊時的鴿房，遊客可以在
此參觀到當地的植物群、動物群以及真菌類，在松樹林裡的動物：野
兔，鷹，烏鴉，螞蟻以及各類真菌類生物的生存環境。還有介紹那些
居住在特拉班科斯河（Río Trabancos）沿岸的動物（魚類，兩棲類，
鴨子，狐狸，兔子……）和田野上的鳥類。

　　小鎮裡最值得參觀的建築是十二世紀的聖胡安包蒂斯塔教堂（la iglesia de San Juan Bautista），屬於羅馬式－穆德哈爾風格，被列為國家級紀念碑。值得關注的是教堂內部保存的中世紀繪畫。

　　馬塔波蘇埃洛斯離河岸很近，四周的植被十分充裕，值得遊客注意的是，小鎮裡的食物都十分美味可口，絕對可以品嚐當地的特色小吃，如烤乳羊、兔肉，和兔肉餡的餡餅。

　　莫哈多斯四周都是充裕的松樹林，在城鎮裡有幾個公園。還有許多古蹟可以參觀。

　　阿萊霍斯值得參觀的地方是它的兩座教堂，一座是聖佩德羅的名字修建的，另一座是紀念聖瑪麗亞的。

　　在卡斯特羅努尼奧還保存了尋多地下的酒窖。現在還在以傳統的方式生產葡萄酒。同時，小鎮跟大自然有密比不可分的關係，小鎮的河岸在 2002 年被列為自然保護區，因爲它是許多種類的動物繁殖和生存的地方，可以通過 La Casa de la Reserva 預定參觀自然公園。河邊

還有專門可以釣魚的區域。附近的聖何塞水庫旁有一個人造沙灘,是炎炎夏日人們玩水的好去處。最後,小鎮四周還有很多條徒步旅行的路線,非常受到背包客的歡迎。

雖然盧耶達葡萄酒產區的大多數地區都在瓦亞多利德省內。但是還是有一小部分地區坐落在阿維拉和塞哥維亞省內。比如在阿維拉省內的馬德里加爾德拉薩爾塔斯托雷斯(Madrigal de las Altas Torres),就有許多值得參觀的地方。公元十五世紀是該小鎮的鼎盛時期,當時國王胡安三世在這建了一座宮殿,就是在這座宮殿裡出生了西班牙最重要的女王之一:伊莎貝爾一世,也被叫做伊莎貝爾天主教女王(Isabel la Católica)!隨著時間的推移,該建築被改造成修道院,如今已經向遊客重新開放參觀。

在十五世紀,馬德里加爾成為當時卡斯蒂亞帝國最重要的城鎮之一,因此,在該地區留下了許多重要的歷史名人的足跡和古蹟,小鎮還完好的保存了中世紀的風格,有兩個市中心:聖瑪利亞廣場(Plaza de Santa María)和聖尼克拉斯廣場(Plaza San Nicolás)。街道從這兩個中心成放射狀發展出去,一直延伸到小鎮各個角落。值得一提的是,由於小鎮的地理特徵的優勢,孕育了一個生態價值極高的鳥類生態系統,這裡也是歐洲最有價值的鳥類學天堂之一。

最後,座落在塞哥維亞省的柯卡小鎮(Coca)。小鎮裡值得參觀的是它的城堡,是西班牙最壯觀的城堡之一,被認為是西班牙哥特式穆德哈爾最偉大的磚砌建築達標之一。

古老的葡萄種植地 ───────

潘內狄斯

DENOMINACIÓN DE ORIGEN PENEDÉS

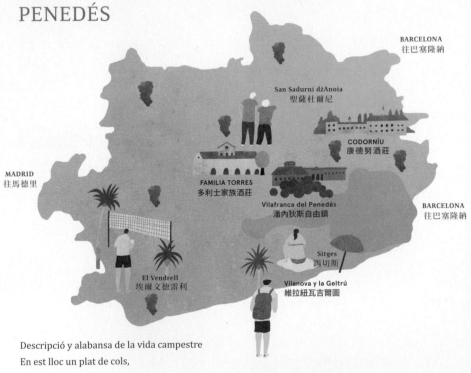

BARCELONA
往巴塞隆納

San Sadurní dżAnoia
聖薩杜爾尼

CODORNÍU
康德努酒莊

MADRID
往馬德里

FAMILIA TORRES
多利士家族酒莊

Vilafranca del Penedés
潘內狄斯自由鎮

BARCELONA
往巴塞隆納

Sitges
錫切斯

El Vendrell
埃爾文德雷利

Vilanova y la Geltrú
維拉紐瓦吉爾圖

Descripció y alabansa de la vida campestre
En est lloc un plat de cols,
ab porc fresc y vi de llèy
tè tan gust, que ni tan sols
lo mès bò que s' trau al Rèy
no li sab tan bè, si vols.

Pons

Los Trobadòrs Nous
Barcelona, 1858

鄉村生活的描述與讚嘆
這個地方的一盤菜
配上新鮮豬肉和優質葡萄酒
如此美味
即便是給國王的佳餚也比不上

新吟遊詩人
巴塞隆納 1858

歷史背景

　　潘內狄斯葡萄酒原產區位於加泰隆尼亞自治區內，坐落於巴塞隆納省（Barcelona）和塔納戈納省（Tarragona）之間。從海岸延伸至內陸，約有兩萬七千頃的葡萄園。

　　根據調查，加泰隆尼亞於西元前七世紀開始種植葡萄，為最早種植的區域。羅馬時期葡萄酒開始有重大發展，擅長經商的羅馬人將葡萄酒商業化經營。

　　潘內狄斯葡萄酒面積遍布伊比利半島的奧古斯塔之路（la Vía Augusta）。在幾世紀後，穆斯林佔領西班牙時依舊生產著葡萄酒。中世紀時，修道院擁有大面積的葡萄園。1960 年當地成立了「葡萄酒質

量監管會」。二十世紀時，潘內狄斯葡萄酒無論在種植葡萄、加工、出口都是當地的重要經濟命脈。

此產區同時也生產各式各樣的葡萄酒。潘內狄斯的白酒口感輕爽，酒體輕盈且酒精濃度適中。桃紅葡萄酒果香濃郁迷人。雖然有質感柔順的紅酒，但在該產區的產量小。此產區也生產香氣濃烈持久的微氣泡酒。

除此之外，潘內狄斯產地也是卡瓦酒 (cava) 的原產地，其量產中心在諾亞河畔 (Anoia) 的聖薩杜爾尼亞 (Sant Sadurní)。卡瓦酒始於 19 世紀，從 1920 年開始在西班牙市場穩固。歷經幾十年努力後，於 1980 年開始進入國際市場。現今已生產出超過兩億四千瓶卡瓦酒。雖然西班牙其他區域也生產卡瓦酒，但主要的生產販賣還是在潘內狄斯。

地區氣候

潘內狄斯位於巴塞隆納和塔納戈拉之間，坐落於大海與山脈間。受到太陽和地中海的影響，分為三個區域：上區 (el Penedés Superior，靠山)、中區 (el Penedés Marítimo，坐落於山與海之間)、下區 (el Penedés Central，靠海)。

雖各區有自己的氣候特徵，但一般來說，潘內狄斯主要為地中海型氣候。潘內狄斯的高山全年降雨量多，最高和最低溫度差距甚大；海洋靠近海邊享有溫暖的氣候；中央區域則結合了上述兩個地形的特徵。各個地區的氣候、風景和土壤多樣性，釀出了具有個人風格的香氣和風味。

葡萄類型

　　潘內狄斯產區種植原生**白葡萄品種**：薩雷羅（xarel·lo）、馬卡內奧（macabeu）和帕雷亞達（parellada）。

　　多年來推動的其他**白葡萄品種**則有：夏多內（chardonnay）、麗絲玲（riesling）和白蘇維濃（長相思）。種植最多的是薩雷羅。這些品種都富有濃厚的果香、香氣和酸度。

BODEGAS
酒莊

潘內狄斯產區

此區約有兩百七十間酒莊位於潘內狄斯，這裡同時也是卡瓦酒的釀造區，以下為您介紹兩家酒莊：康德努、多利士家族。

CODORNÍU

01

世界最古老的釀酒世家
康德努

康德努是十六世紀釀酒世家的代名詞，是西班牙最久的家族企業，也是世界上最古老的企業之一，有超過四百五十年的歷史。第一次釀酒活動記錄於 1551 年，由葡萄酒莊主人傑姆・康德努 (Jaume Codorníu) 開始。

曼努爾・拉文托斯 (Manuel Raventós) 是康德努酒莊的重要推手，他於 1895 年聘請現代主義建築師普意居 (Josep Puig i Cadafalch，被稱為當代高第) 來擴建酒莊。酒莊於 1915 年落成，象徵自然與人類和諧共存，也是對酒窖致敬。酒莊在 1976 年被列入國家級歷史藝術遺產，是令人印象深刻的建築之一。

康德努的卡瓦酒在地下酒窖進行第二次的恆溫發酵，耗時近一世紀。1872 年，荷西·拉文托斯 (Josep Raventós Fatjó) 在西班牙第一次使用傳統手法和潘內狄斯產地的葡萄：馬卡內奧、薩雷羅（帕雷亞達，來釀造卡瓦酒。

他在潘內狄斯建立了一個全新的產業，同時也把康德努的品牌與卡瓦酒作連結。好的卡瓦酒用最優質的葡萄，這也是為什麼康德努從生產到製造，都仔細嚴選葡萄的原因。

多年來，康德努酒莊投入永續葡萄栽種法，讓土地回歸自然，只有在必要時介入種植過程。康德努融合傳統與創新的加工技術，控制每階段的生產過程，把最好的成品交付到消費者手中。

酒莊內有英、法和西文導覽。從普意居大廳開始，映入眼簾的是卡瓦酒教堂，為現代主義建築師普意居的作品。康德努家族遺跡、康德努酒窖花園於 1976 年，被西班牙列入國家級歷史藝術古蹟。

地下酒窖存放著第一瓶康德努卡瓦酒，使用傳統機器製造卡瓦酒。

品嚐目前市面上兩種高檔的康德努卡瓦酒。提供行動不便者參觀的酒窖行程。

在網路商店可以購買到康德努任何產品，作爲紀念品或伴手禮。所有產品皆與葡萄酒相關。

卡瓦酒吧 (Cava Bar)

來到康德努酒莊，必定要來喝旗下所產的卡瓦酒和葡萄酒。卡瓦酒吧位於普意居大廳，由建築師普意居建造。

Info

Avda Jaume de Codorníu s/n ｜ 08770 SANT SADURNÍ D'ANOIA (Barcelona)
Tfno. +34 938 913 342 ｜ reservas@codorniu.com ｜ visitasprofesionales@codorniu.com
www.visitascodorniu.com

雖是全世界最古老的釀酒世家，但釀酒工法與程序一點都不馬虎。酒莊中的葡萄酒與堪稱獨一無二的卡瓦酒，已然成為酒莊的代表性酒品。

Anna de Codorníu Blanc de Blancs

康德努 · 安娜白珍藏卡瓦氣泡酒

釀造超過十五個月以上。

視覺上來看，金黃色澤中帶點淺綠。泡沫細緻且持久。嗅覺上可以聞到柑橘和熱帶水果的香氣。

口感 |

入口後，口感濃郁豐富。前餐至甜點都可以搭配安娜，如開胃菜、蔬菜、魚、海鮮、肉和甜點。

Codorníu Cuvée Barcelona 1872 Brut

康德努 · 巴塞隆納 1872 卡瓦氣泡酒

紀念拉文托斯的第一瓶卡瓦酒。

淺黃稻草色中的味道強烈新鮮，又能平衡。瓶身的靈感來自歷史，典型的現代主義彩繪玻璃。消費者可以在任何時刻享用卡瓦酒，早餐、早午餐、開胃菜、晚餐。

口感 |

強烈新鮮，能搭配各式各樣的食物：冷盤、開胃菜、香腸、乳酪、番茄佐麵包、沙丁魚、蝸牛、燉肉、飯……等。

Codorníu Clasico Brut

康德努 · 經典卡瓦氣泡酒

經典，忠實呈現傳統卡瓦酒，由薩雷羅、馬卡內奧和帕雷亞達等，白葡萄品種製作而成，帶有清新的果香味。顏色呈淡黃色，泡沫細緻優雅。聞起來有強烈傳統果香氣味。

口感 |

新鮮平衡，是理想的開胃酒。可搭配堅果、鹹蛋糕和其他小吃。

02

讓法國紅酒黯然失色
多利士家族

多利士家族於 1870 年開始成為釀酒師，利用優質的白蘭地和葡萄酒結合創新和傳統技術釀造，並持續致力於環境保護。在潘內狄斯深根超過三個世紀，曾於潘內狄斯、普里奧拉和賽格雷河岸擁有過葡萄園。

酒莊距離巴塞隆納市中心僅四十分鐘車程。四周環繞大自然和葡萄園，是個理想的活動場所。在多利士家族最具代表性的葡萄園裡，可以品酒、吃飯、約會、參觀，或是客製化行程。

酒莊內的商店提供客製化商品，以及來自不同產區的多利士家族葡萄酒，像是智利或加州。商店同時提供國際配送。餐廳距離酒莊不遠，使用當地有機食材，以精緻美食為特色。

　　對環境及土地的保護，及對葡萄酒的熱情與追求代代相傳。第四代米格爾‧多利士引進卡本內蘇維翁到西班牙種植，於 1970 年製作葡萄酒馬斯拉潘那 (mas la plana)。第五代專注於恢復加泰隆尼亞和其他西班牙、智利的品種，持續釀造優質葡萄酒。

　　多利士家族在西班牙和世界各地擁有自家的葡萄園和酒莊，像是在里奧哈、里貝拉爾杜羅 (Ribera del Duero)、盧耶達、里艾斯拜賽 (Rías Baixas)、智利和家中。多利士家族是葡萄酒第一家族的會員，該協會整合了十一個在世界上享負盛名的百年釀酒世家。

　　三十年前，多利士家族推動了一個令人振奮的計畫——復興在十九世紀末被根瘤芽入侵絕跡的祖傳葡萄品種。第五代推動復興加泰隆尼亞葡萄酒的項目，發現近五十種葡萄品種、使用六種釀酒術。第五代成員米格爾‧多利士說：「復興祖傳品種是項葡萄酒考古工作，回到過去並復興祖先使用的品種，讓我們可以展望未來，找到獨特點，賦予它在世界上的地位。」

　　從 2008 起，多利士家族開始一系列減少二氧化碳排放量的措施。

FAMILIA TORRES

Info

Finca el Maset, s/n ｜ 08796 PACS DEL PENEDÈS (Barcelona) ｜
Tfno. +34 938 177 330 ｜ info@torres.es ｜ www.torres.es

悠遠、復興，獨特與展望的釀酒歷史，完全表現在多利士家族生產的酒單中，既有清新近人的芬蘇拉，又有備受皇室喜愛的限定酒款，令人品嚐之餘更想一探其豐沛的家族歷史。

Fransola
芬蘇拉 · 田園白葡萄酒

芬蘇拉坐落於潘內狄斯的山上，是座歷史悠久的莊園。多利士家族在二十年前選定這裡種植葡萄。白天溫暖、晚上寒冷是種植葡萄最佳的氣候，提供了白蘇維儂最佳的生長環境，製作成優雅、平衡的葡萄酒。

色澤為乾淨、明亮的金黃色。誘人的無花果花香和百香果果香帶著細膩煙燻和香草味。

口感 |
柔順而優雅。可搭配甲殼類海鮮、魚類和鳥禽類。

Mas la Plana
馬斯拉潘那 · 黑葡萄酒

此款第一批葡萄酒於 1970 年問世。開始有
少量的田帕尼優，但主要的品種還是卡本內
蘇維濃。

口感｜
色澤呈現櫻桃紅色，酒體散發咖啡、甘草以
及奶油芬芳，口感均衡飽滿，結構良好且寧
柔順，可品嚐到可可和松露的香氣，餘韻悠
久，適合搭配紅肉飲用。

Reserva Real
多利士 · 皇家珍藏葡萄酒

這瓶酒的誕生於 1996 年皇室國王胡安 · 卡洛斯
一世造訪多利士酒莊，於是生產西班牙限定葡萄
酒。使用葡萄園最好的卡本內蘇維翁、卡本內弗
朗 (cabernet franc) 和梅洛 (merlot) 釀造。

口感｜
經橡木桶陳釀 18 個月，色澤呈現較深櫻桃紅，
散發黑莓和覆盆子果香，且帶一絲杏仁與煙燻
味，口感豐厚優雅，丹寧結構佳，可品嘗到紅色
漿果與可可香氣，悠久餘韻，建議於飲用前醒酒
30 分鐘，可使香氣更完美散發出來。

周邊景點　潘內狄斯葡萄酒原產區

潘內狄斯產區位於交通樞紐，無論是要往巴塞隆納或塔拉戈納都很容易抵達。一旦抵達巴塞隆納或塔拉戈納，可以搭火車或是公車到潘內狄斯；乘船到維拉紐瓦吉爾圖港口也是可行的。

潘內狄斯的飯店有著絕佳美景。四周環繞葡萄園、橄欖樹、杏樹與穀物。山裡的潘內狄斯，宛如時間靜止，一切寧靜。其他城鎮則是重要的人口中心，有著密集的商業活動。同時可以在這些城鎮中找到美麗的海灘，享受文化、美食和優質的酒莊，像是國家級歷史藝術遺跡康德努酒莊。

此區的大城小鎮有許多派對、節慶、展覽，多數與葡萄酒和卡瓦酒有關。加泰隆尼亞的疊人塔比賽，曾被聯合國教科文組織宣布為世界遺產，是加泰隆尼亞的代表物之一。

此地有各式各樣的酒吧和餐廳，搭配潘內狄斯產區的葡萄酒。雞肉、鴨肉是最受歡迎的。優質的手工臘腸、美味的沙拉、兔肉或牛肉佐洋菇，和其他魚類製成的佳餚。多家傳統糕點店販賣地方糕點。聖誕節可以品嘗手工杏仁糖，潘內狄斯產的巧克力、水蜜桃和果醬也是當地特產。

LUGARES DE
INTERÉS EN LA
D. O. PENEDÉS

潘內狄斯自由鎮 (Vilafranca del Penedés)

潘內狄斯自由鎮，幾個世紀以來都以葡萄酒爲主。十二世紀初，由於戰爭和瘟疫的關係，經歷了一段艱困複雜的時期。二十世紀中，面臨一場工商業的巨大轉型。現今，可以在街道和廣場上騎著腳踏車欣賞建築，並享受一系列的文化活動。在聖保羅山或維拉弗蘭卡 (Vilafranca) 的步道，是愛好健行活動和騎自行車的最佳選擇，欣賞令人驚嘆的美景，享受戶外活動。

一個城市的歷史可以從建築得知，此處保存了大量中世紀建築物和現代主義建築。

聖母瑪利亞教堂 · Basílica de Santa María

教堂格局僅有一個中殿，爲哥德式建築。門口上有座建於十三世紀末的聖母雕像。教堂頂部可看到石像鬼（滴水怪獸）。五十二尺高的鐘塔是這個城市的象徵，開放時間爲夏季每週六，同時享用一杯葡萄酒。

巴爾塔宮 · Palacio Baltà

建於十二至十三世紀，經歷了重大改革，現在由加泰隆尼亞葡萄酒文化博物館接手管理。加泰隆尼亞葡萄酒文化博物館——巴爾塔宮，是一座建於十四世紀的哥德式建築，中央庭園連結四周。若喜歡十九世紀末和二十世紀的建築，特別是加泰隆尼亞現代主義風格，在潘內狄斯自由鎮都可以看到。

維拉之家 · Casa de la Vila

中世紀建築，由聖地牙哥·奎爾 (Santiago Güell i Grau) 重建，目前是市政府所在地。地下聖母瑪利亞教堂保存七個現代主義雕刻人物，由 Josep Llimona 主持耶穌葬禮。

加泰隆尼亞葡萄酒文化博物館 ·
VINSEUM Museo de las Culturas del Vino de Cataluña

此處為葡萄酒愛好者的必去景點，是西班牙第一座的葡萄酒文化博物館 (1945 年)。拜訪葡萄酒文化博物館，可從葡萄酒的原產地、品嚐不同酒莊出產的葡萄酒或卡瓦酒，進行全面性的了解。博物館提供英、法、俄、西文導覽解說，有無障礙設施和托育服務。

此處非常多的節慶與派對。其中最知名的像是聖拉蒙節 (la fiesta de San Raimon)、夏朵美食節 (la fiesta de Xató)、五月春會 (feria de mayo)、Vijazz 葡萄酒爵士節、仲夏嘉年華。

活動的多樣性讓遊客能找到感興趣和享受的東西。有音樂、美食、電影，當然還有最為人所知把人層層往上疊的疊人塔，從十八世紀就開始流傳至今。

這裡也是購物的好地方，在市場或是購物中心、百年老店都可以找到好葡萄酒和卡瓦酒、手工產品，適合所有年齡層的禮物。傳統市場在一年中會舉行不同活動，像是蔬菜市集（五月一號在聖約翰廣場）、手工藝市集（十月到五

月的每個第二個禮拜天)、聖喬治節、花市(十一月一號)、聖誕市集和三王市集。

埃爾文德雷利 (El Vendrell)

位於塔納戈納省(Tarragona),坐落於黃金海岸。考古博物館裡可以看到許多遺跡,顯示這個地方在歷史上的重要性。尤其是在羅馬時期,奧古斯卡之路貫穿後。

離埃文德雷利以南九公里,是建於西元一世紀末的百樂凱旋門(Arco de Bará)。

我們從保存了十九世紀建築的新廣場開始,沿著街道能看到有趣的建築物與博物館。首先,具有宗教色彩的聖薩爾瓦多教堂(iglesia de San Salvador),有著巴洛克和文藝復興其實的元素。

藝術展覽空間也相當吸引人。德吾博物館(Museu Deu),展示了十二世紀到現在的藝術作品。例如大量圖畫、雕刻、金工、玻璃、象牙。

距離市鎮中心三公里處,即進入了長岸沙灘。若想放鬆,可欣賞地中海美景並在餐廳享用三餐。

帕布羅・卡薩爾斯博物館・Museo de Pau Casals

著名加泰隆尼亞大提琴家帕布羅・卡薩爾斯於 1910 年在埃爾文德雷利購買的避暑別墅,並收藏了許多藝術品。幾十年後,他與妻子組

成了帕布羅·卡薩爾斯基金會，並於死後公開將別墅作爲博物館開放參觀。設施十分完善，有原創的試聽展覽、物品、文件，讓民眾能夠深入了解這位大提琴家。同時組織展覽，在學校展開活動。

此區整區都是壯觀的海灘度假勝地，有著清澈海水和絕佳天氣，可以享受各式水上活動。豐富的自然景觀和鳥類，還有最重要的葡萄園莊。

 ## 聖薩杜爾尼 (Sant Sadurní d'Anoia)

這個靠近市鎮中心的加泰隆尼亞小鎮以諾亞河爲名，盛產肥沃的葡萄。現今，則是卡瓦酒的重鎮，百分之九十的卡瓦酒在此生產，並出口到全世界。

鎮上的主要景點都集中在老城區，有建於十二世紀的小教堂 (La iglesia parroquial)，爲八角形哥德式塔，還有建於十世紀和十一世紀的聖班尼教堂 (La iglesia parroquial)。

毫無疑問，聖薩杜爾尼在十九世紀末到二十世紀初的建築，都帶有現代主義風格的元素。我們推薦您停下來觀賞瓦爾街上的建築外觀，像是路易斯之家 (la casa de Lluís Mestres)、瑪麗亞聖伯 (la casa María Sàbat)，和 la casa de Cal Calixtus。

這裡的慶祝活動也非常多樣化，在九月六號到九號慶典中，可品嚐不同的卡瓦酒。五月有美食節。卡瓦塔斯則是在十月的第一個禮拜舉

行，可品嚐卡瓦酒和美食。
其他的活動像是品酒會、展
覽、參觀葡萄酒莊。同個週
末也販售手工藝品。卡瓦酒
會週在十月第二個禮拜舉
行，有產品促銷和傳統活動，
也有卡瓦酒票選活動。

卡瓦酒解說中心

　　這個博物館提供會議廳，可瀏覽卡瓦酒的世界。從原產地、歷史、
加工。提供英、法、西文的導覽活動和小孩工作坊。

維拉紐瓦吉爾圖 (Vilanova y la Geltrú)

維拉紐瓦吉爾圖有適合所有年齡的活動及休閒活動，還有美麗的宗教建築、街道、廣場、有趣的博物館、許多夏季派對和演唱會。

從維拉廣場逛起，迷人的十九世紀拱形設計，棕櫚樹環繞，令人賞心悅目。當地的主要活動都在此慶祝，有咖啡廳、酒館、餐廳和露臺。若想購物，可前往徒步街。其他有趣的建築，如維拉之家 (1867，Casa de la Vila)，是法蘭西斯柯‧寶拉‧維拉 (Francesc de Paula del Villar) 的作品，他在高第之前接手聖家堂。

這座城市的多樣性令人驚豔，以下為推薦景點。

聖克里斯托弗燈塔‧El faro de San Cristófol

要回溯到 1905 年，高二十一公尺。以前燈塔由都塔管理員使用，是非常辛苦的工作，必須忍受孤獨生活，照顧海上航行重要的環節。

加泰隆尼亞鐵路博物館‧Museo del Ferrocarril de Cataluña

介紹鐵路歷史，可看到早期電器、柴油和不同的鐵路設備。最知名的是蒸汽火車。

坎帕皮奧爾浪漫博物館‧Museo Romántico Can Papiol

走進博物館彷彿進入了十九世紀富裕家庭的日常，新古典主義建築搭配上仿古家具。有圖書館、接待室、辦公室、音樂室、撞球室、練舞室。

維多巴拉戈圖書館博物館 · Biblioteca Museo Víctor Balaguer ·

　　加泰隆尼亞最吸引人的博物館之一。有不同時期的重要藝術品，其中包含十九和二十世紀的加泰隆尼亞畫作。

浪漫主義曼奴爾康班耶斯解說中心 ·
Centro de Interpretación del Romanticismo Manuel de Cabanyes

　　距離維拉紐瓦五公里，坐落於新古典主義的農莊裡，為十九世紀康班耶斯家族所有。除了建築本身外，還可參觀花園和森林。解說中心從家族物品和歷史介紹浪漫主義運動。

錫切斯 (Sitges)

可以從市政府廣場參觀起，市政府建於 1887 至 1889 年，周圍有不錯的建築。例如，1890 年現代主義建築，巴克迪之家 (Casa Bacardi)。沿著主要街道漫步，林立的服飾店、文具店和獨特建築。

接著抵達的是位於市中心的 la Casa Bartomeu Carbonell i Mussons 之家，也被稱爲鐘樓之家，是 1915 年的現代主義風格建築。此處當然也不能錯過浪漫主義博物館 (Museo Romántico)，建於十九世紀的房子裡，保存了原有結構和裝飾還有超過四百個舊娃娃。

在錫切斯可以找到許多有特色的海灘。有大的、小的，或安靜的海灣。從市中心走一小段路便可抵達，這些海灘的水質和沙子品質都很好。

錫切斯有個國際級的同志社區，有專門服務同志的機構和活動。每年夏天會舉辦同志大遊行，爲期五天，包括遊行和各種活動。其他錫切斯的重要節慶是嘉年華會、科爾普斯和仲夏嘉年華。

最後，若想親近大自然、享受獨處，或是與家人的時光，可以去葛瑞弗自然公園 (l Paque dcl Garraf)，可以開車、騎腳踏車或走路前往。在這自然景點裡，有座位於 Palau Novella 的佛教 Sakya Tashi Ling 修道院。還有，由 Pere Domènech i Grau 建造的現代主義宮殿。

多樣化的豐富產地 ————

瓜迪亞納河岸

DENOMINACIÓN DE ORIGEN
RIBERA DEL GUADIANA

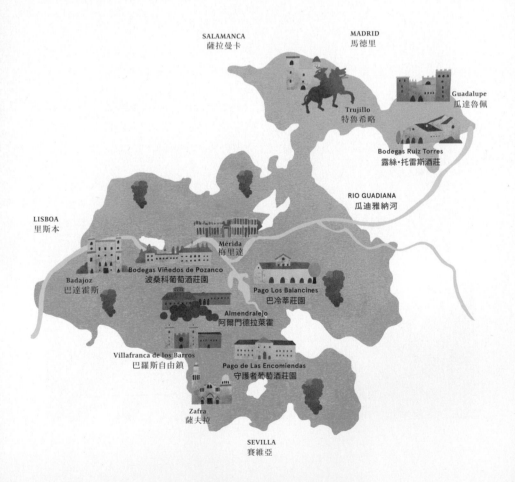

SALAMANCA
薩拉曼卡

MADRID
馬德里

Guadalupe
瓜達魯佩

Trujillo
特魯希略

Bodegas Ruiz Torres
露絲·托雷斯酒莊

RIO GUADIANA
瓜迪雅納河

LISBOA
里斯本

Mérida
梅里達

Bodegas Viñedos de Pozanco
波桑科葡萄酒莊園

Badajoz
巴達霍斯

Pago Los Balancines
巴冷莘莊園

Almendralejo
阿爾門德拉萊霍

Villafranca de los Barros
巴羅斯自由鎮

Pago de Las Encomiendas
守護者葡萄酒莊園

Zafra
薩夫拉

SEVILLA
賽維亞

歷史背景

　　瓜迪亞納河岸葡萄酒產區涵蓋了艾斯特雷馬杜拉自治區
（Comunidad Autónoma de Extremadura），其中包含巴達霍斯省
（Badajoz）大部分地區，以及卡塞雷斯省（Cáceres）的東南部，葡
萄種植面積佔地約二萬六千公頃。

　　瓜迪亞納河岸葡萄酒產區的產地名稱，源自於從東到西貫穿葡萄園
的河流，由六個分區組成，每個分區都有其獨特之處，它們分別是：
卡尼亞梅羅（Cañamero）和蒙坦切斯（Montánchez），位於卡塞雷斯
省和高河岸區（Ribera Alta）省；低河岸區（Ribera Baja），巴羅斯地
區（Tierra de Barros）和馬達尼加拉地區（Matanegra），位於巴達霍
斯省。　其中擁有最多葡萄園的是巴羅斯地區。

像其他產區一樣，此區有一個監管委員會，監督與輔導各處葡萄園種植與釀造的流程，檢驗其釀造製程的參數是否合乎規定，並通過其檢驗給予證明符合規定。

地區氣候

瓜迪亞納河岸產區的地勢崎嶇不平，葡萄園大多座落於山坡上，每個區域的土壤都具有其特殊性，葡萄藤種植在斜坡上，位於板岩上的貧瘠土地上。

蒙坦切斯平均海拔六百三十八米，由丘陵和山谷組成，擁有較適合種植的土地。

低河岸地區海拔二百八十六米，有黏土和沖積土。

巴羅斯地區的黏土具有非常好的保水能力，以及相當多的石灰岩含量，其略微不平坦的地形促進了種植機械化的發展。

馬達尼加拉地區的平均海拔高度為六百三十八米，其土壤與巴羅斯地區非常相似，但這一地區氣候略微溫和，這代表葡萄採收的季節也會提早些。

該區屬於典型地中海型氣候，受大西洋影響的影響，夏季炎熱乾燥降雨量少（7 月的平均氣溫高於 26°C，白天最高溫可達 41°C），由於靠近葡萄牙大西洋沿岸的海洋影響，冬季略為漫長，根據各區地理位置，氣候仍有細微的差別。

Tipos de uva
葡萄類型

在這個產地中有三十種不同的葡萄品種，分類如下：

◆ **白葡萄**：阿拉利荷（Alarije）、波巴（Borba）、白卡耶塔納（Cayetana blanca）、帕爾迪納（Pardina）、馬卡貝爾（Viura o Macabeo）、夏多內、樹爾瓦（Chelva o Montua）、聖伊娃（Eva o Beva de los santos）、馬爾瓦爾（Malvar）、帕雷雅達（Parellada）、佩德羅希梅納斯（Pedro Ximénez）以及維德赫。

◆ **紅葡萄**：紅格那希，紅丹魄（Tempranillo o Cencibel o Tinto fino）、波巴爾（Bobal）、卡本內蘇維翁、格拉西亞諾、瑪佐羅（Mazuela）、梅洛、慕和懷特（Monastrell）、希拉（Syrah）。

根據不同等級的釀造製程葡萄酒有：

◆ **新酒（Jóven）**：窖藏 1 至 2 年內的葡萄酒，擁有新鮮馥郁果香，一般來說不經過橡木桶陳釀。

◆ **陳釀（Crianza）**：窖藏時間至少 2 年以上，其中至少有 6 個月在橡木桶中窖藏。

◆ **珍藏（Reserva）**：窖藏時間至少 3 年以上，其中至少一年在橡木桶中窖藏。

BODEGAS
酒莊

在瓜迪亞納河岸葡萄酒產區約有 111 家當地的葡萄酒莊，以下四家爲較具代表性的酒莊：露絲‧托雷斯酒莊、巴冷莘莊園、波桑科葡萄酒莊園，以及守護者葡萄酒莊園。

BODEGAS RUIZ TORRES

01 ——

擁有壯麗山脈美景的
露絲 · 托雷斯酒莊

露絲 · 托雷斯酒莊的歷史可以追溯到 1870 年，一個世紀後的 1968 年，年僅十八歲的安東尼奧 · 露絲 · 托雷斯（Antonio Ruiz Torres）接管了父親的家族生意。於 1973 年成立了酒莊的第一條裝瓶酒生產線（是當時艾斯特雷馬杜拉自治區的第二條裝瓶酒生產線），並於 1980 年首次出口葡萄酒到俄羅斯和德國等國家。

在 80 至 90 年代期間，酒莊經歷了一次巨大的創新與擴張，2000 年他們在葡萄園旁建造了一萬一千平方公尺的葡萄酒釀造設施，採用最先進的機器生產葡萄酒。

所有建築都位於拉斯比柳艾卡斯山脈（Sierra de las Villuercas）一個自然美景壯觀的地方，更具體地說是在卡尼亞梅羅鎮，距離卡塞雷斯省的瓜達盧佩修道院約十五公里。

葡萄酒旅遊

　　在露絲‧多雷斯酒莊，有當地領隊導覽與解說酒莊的歷史與設備，
旅客可以親眼看到葡萄酒製程與釀造的過程。若不想待在室內，也可
以在酒莊附近散步，享受周圍未受破壞的自然環境，在令人歎為觀止
的壯麗景觀裡放鬆身心。

　　導覽時間大約六十分鐘，參訪酒莊途中還可以品嚐各式葡萄酒。酒
莊內部有紀念品店，旅客可以在這購買斯特雷馬杜拉自治區的紀念品
和當地名產，當然也包括他們生產的所有葡萄酒。

酒莊設施

　　露絲・托雷斯酒莊附設的飯店高雅質樸，除了一般客房，還有專門用於舉辦各類活動的宴會廳，可容納約六百人，客房安靜舒適，設計精巧精緻，設有露台區和毗鄰的小花園。由於地理位置優越（位於 Extremadura 區中心），所以住房的旅客可以靜靜欣賞周圍山脈壯麗的美景。

Info

Ctra Ex-116 Km 33,8　|　10136 CAÑAMERO (Cáceres)　|　Tfno. +34 927 369 027　|
Fax. +34 927 369 302　|　info@ruiztorres.com　|　www.ruiztorres.com

在壯麗山脈中生成的葡萄釀造，彙集田帕尼優與卡本蘇維翁
的獨特口感，在橡木桶中長時陳釀，陳就了獨樹一格的深沉
酒體。

Attelea Crianza
Attelea 黑標陳釀紅酒

在法國和美國橡木桶中陳釀十二個月的紅
葡萄酒，採用 80％的田帕尼優和 20％的
卡本內蘇維翁，外觀呈現紅石榴色，風味
優雅而複雜，可嗅出黑色森林莓果、煙
燻，咖啡以及可可氣味。

口感｜
質地渾厚平衡，餘味呈現淡淡的煙燻味。

Attelea Tinto Roble
Attelea 橡木桶紅酒

於美國橡木桶中陳釀三個月，100％
的田帕尼優品種製成。櫻桃色，香氣
濃郁，略帶辛辣味，餘味是清新的香
草和煙燻味。

口感 |
強烈大膽，結構完整平衡。

PAGO LOS
BALANCINES

十年打造世界口碑
巴冷莘莊園

　　巴冷莘莊園的經營者佩德羅‧梅爾卡多（Pedro Mercado），本身也是位出色的釀酒師。他對於葡萄栽培有著濃厚興趣，在技術領域的培訓更是廣泛而嚴謹。佩德羅當時決定邁出一大步，深入研究不同的葡萄種植區，經過兩年在西班牙的摸索與搜尋，最後被艾斯特雷馬杜拉自治區這個具有兩千多年葡萄酒歷史的區域吸引。

　　可惜的是，就優質葡萄酒而言，當時地方上並沒有太多公認的優質酒莊，好奇心使他深入研究他的葡萄園和葡萄酒，了解到氣候和地質條件和延續傳統種植技術是息息相關的，他希望讓艾斯特雷馬杜拉成為種植與釀造葡萄酒皆完美的地方，以發掘當地葡萄酒的獨特性與文化作為挑戰，並開始製作極具當地特色風味的優質葡萄酒。

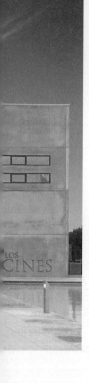

秉持初衷，2005 年底，梅爾卡多家族決定在奧利瓦德梅里達小鎮的巴冷莘地區購買一座農場，該農場屬於高河岸地區，他們在那發現了一些古老的葡萄園，葡萄品質卓越，成為巴冷莘莊園的起源。

工作團隊對山區進行詳細研究，莊園位於兩座海拔六百公尺的山脈之間，山的背面是座巨大水庫，山脈間有大片荒廢的山地等待開發，團隊開始在新的土地上種植葡萄，經過多年努力，這個「重新讓葡萄藤填滿整個山脈」的計畫奏效，本區開始生產品質優良的葡萄酒。他們也積極的尋找本區原生的葡萄品種，在卡塞雷斯北部山區找到了格納希；在巴達霍斯南部，則是找到了品質優良的紅格納希。

高品質的葡萄酒在國際上很快打響了知名度，在業界也普遍得到好評，建立了死忠客戶，這些因素再加上管理者的商業頭腦，短短十年，該葡萄園所生產的葡萄酒已成為該地區的品質保證，無論是在西班牙還是在德國、瑞士、丹麥或日本等其他國家，巴冷莘莊園的葡萄酒因其高 CP 值，而被認為是世界上最好的葡萄酒之一。

最後在 2014 年，經過十多年的耕耘，佩德羅覺得該在當地建立新酒莊了，他在建築和釀酒方面的雙重背景，加上對這個產區的了解，使他們能有效設計每個空間、每個工作室，甚至每個葡萄園的角落，賦予一切意義。

新酒莊的啟動是一個巨大預測階段的開始，標誌著巴冷莘莊園品牌與其葡萄酒的未來，新酒莊於 2015 年八月落成。

該酒莊在上述巴冷莘地區擁有六十公頃的葡萄園，園內遍佈十至四十年歷史的葡萄園，種植的品種有：紅格那希、田帕尼優、希拉、卡本內蘇維翁、格拉西亞諾、小維多 (Petit Verdot)、布魯諾 (Bruñal)。

Info

Paraje de la Agraria s/n | 06475 OLIVA DE MÉRIDA (Badajoz)
Tfno. +34 924 367 399 | info@pagolosbalancines.com | www. pagolosbalancines.com

因高品質而被公認爲全世界最好喝葡萄酒之一的巴冷莘莊園葡萄酒，無論是透著黃金稻穗，亦或是閃耀的紅色酒體，都挑逗著全球品酒人的味蕾。

Huno Blend
巴冷莘精釀葡萄酒

外觀是美麗的紅石榴色，黑色莓果香味撲鼻，巴薩米克醋、地中海灌木氣味明顯，結構完整細緻，適合搭配烤肉，燉菜，藍魚（脂肪較多的魚類）和米飯。

口感｜
口感豐滿，餘味清爽。

Alunado
巴冷莘月光白葡萄酒

稻穗般的黃色透著黃金般的光澤，可
以嗅出果核、甜桃和杏桃的香氣，適
合搭配藍魚，白肉和口味清淡的亞洲
料理。

口感 |
口感強勁，結構圓潤寬闊，果香華麗
均衡。

Haragan
巴冷莘慢活葡萄酒

明亮的櫻桃紅色，散發黑色莓果與地中海灌木的香
氣，非常適合搭配燒烤類、燉肉和義大利肉醬麵。

口感 |
口感圓潤複雜，餘味悠長。

03 ——

古老與創新的完美融合
波桑科葡萄酒莊園

　　波桑科葡萄酒莊園創立於 2011 年，在此之前收購了波桑科農場
(Pozanco)。波桑科農場是一個致力於農業食品的家族企業集團，該集
團的總裁對於農場裡的老窖非常有興趣，於是決定善加利用，使用最先
進的釀酒技術，創造最高品質的葡萄酒。古老的種植智慧結合新技術，
在這片古老的葡萄園釀造葡萄酒，使此區釀造的葡萄酒別具獨特性，生
產出的葡萄酒也別有一番風味。

　　由於這是個剛起步的葡萄酒廠，葡萄酒品項並不多，在市場上只有
兩種陳釀紅酒，但是他們大膽創新的經營策略，爲該原產地注入一股新

BODEGAS VIÑEDOS DE POZANCO

活力，也漸漸影響周圍古老的酒莊。

　　莊園所有葡萄都採收自園區內的葡萄園，從開始種植到收穫，均由釀酒師全程監控，抱著極大的耐心與對葡萄酒的熱愛，選擇葡萄園裡最優秀的葡萄品種進行釀造，以確保生產出最好品質的葡萄酒，這些無與倫比的葡萄酒在市場上也得到極高的評價。

　　園區內葡萄園佔地約一百公頃，擁有各式各樣的栽培品種：田帕尼優、梅洛、希拉、卡本內蘇維翁，用於釀造紅葡萄酒。格拉西亞諾則適合釀造粉紅葡萄酒。馬卡貝爾、白卡耶塔納和 Cayetana 為白葡萄酒。還有其他品種，如小維多和蜜思嘉 (Moscatel)。

　　整座莊園佔地超過五百公頃，園區內種植了該地區典型的大型植物，除了葡萄藤外還可以找到橡樹、橄欖樹、開心果和杏仁樹，儼然一幅典型地中海美景的自然風情畫。波桑科葡萄酒莊園生產的佳釀與天然美景是隱藏在自治區土地上稀有的寶藏，等待旅人們探索。

　　酒桶儲藏室藏有 80 桶葡萄酒，木桶由法國和美國櫟樹製成。儲藏室採用恆溫控制。

Info

Carretera BA-001, Km, 15700　|　06800 MÉRIDA (Badajoz)　|
Tfno. +34 924 143 249　|　info@infobodegaspozanco.com　|　www.bodegaspozanco.com

在陳舊的酒窖中，結合最古老的種植智慧與最先進的釀酒技術，為世人帶來最新鮮、珍貴的葡萄酒體驗。兩款酒品獨具不同的稀有風味，實為葡萄酒界的寶藏。

Tinto joven
波桑科新釀葡萄酒

紅寶石色微微泛紫色光澤，清澈明亮，嗅覺可感受到明顯花香伴隨紅色莓果的香氣。

口感 |
果味濃郁，圓潤而均衡。

Tinto crianza
波桑科陳釀葡萄酒

這款葡萄酒在美國橡木桶中陳釀 6 個月，於
瓶中保存 12 個月，外觀是櫻桃紅帶點紅石
榴色，可嗅出紅色莓果，橡木的香氣撲鼻，
略帶點辛香味，果香濃郁，伴隨些微巴薩米
克醋的氣味。

口感 |

香醇細膩，酸味強烈。帶著一絲乾草和梅子
的味道。適合於和燒烤肉類，海鮮類以及甜
點類搭配。

唯一擁有飛機場的國際酒莊
守護者葡萄酒莊園

　　守護者葡萄酒莊園是座國際級酒莊，也是西班牙唯一擁有自己機場的酒莊，國際地理位置方便，可以從世界任何地方搭乘飛機到達，從飛機上空就可以鳥瞰豐富廣闊的葡萄園圍繞這座美麗酒莊。酒莊位於艾斯特雷馬杜拉自治區的巴羅斯地區，在巴達霍斯省的中心地帶，擁有超過兩百公頃的葡萄園，其中約七十公頃的土地用於釀造葡萄酒。

　　葡萄於夜間進行手工採收，避免在葡萄到達釀酒廠之前因高溫而氧化，它也是艾斯特雷馬杜拉自治區內唯一使用直接重力系統的酒廠，避免使用泵，因此葡萄會從揀選的檯面直接落到發酵桶中。傳統結合當代的釀酒技術，使守護者葡萄酒莊園成為當地酒莊的典範。

PAGO DE LAS ENCOMIENDAS

艾美拉酒莊飯店（Hotel Bodega El Moral）

　　飯店毗鄰機場，距離守護者葡萄酒莊園約 20 分鐘車程，屬於同一集團，由一座十九世紀的二層樓古老農舍改建，設有一個大型中庭，所有房間都分佈在這裡，在這間被大自然環繞的美麗飯店裡，旅客可以盡情享受飯店提供的溫馨而且獨一無二的貼心服務。

　　飯店的設施樸實高雅，裡面有座寬廣的中庭花園，夏夜裡會有佛朗明哥舞的演出，旅客不妨在此品嚐小酒，一邊聆聽美妙的音樂，體驗慵懶熱情的西班牙文化。

Info
Camino de San Isidro, s/n | 06220 VILLAFRANCA DE LOS BARROS (BADAJOZ) |
Tfno. +34 924 11 82 80 / +34 625 34 64 61 | clubdelvino@pagodelasencomiendas.es |
www.pagodelasencomiendas.es

遼闊的葡萄園與特有的夜間葡萄採摘模式，是該自治區中最引人入勝的一道風景。三款紅酒皆以美麗深沉的紅色酒身開啓鑑賞者的慾望，張口享受特有的香氣。

Lengua azul
藍舌頭橡木桶葡萄酒

來自艾斯特雷馬杜拉葡萄酒原產地，於橡木桶中陳釀了三個月，外觀呈鮮明的紫紅色，由四種品種（田帕尼優、希拉、格拉西爾諾、小維多）的葡萄釀造而成，因此香味強烈而優雅。

口感 |
可以嚐到李子、黑莓以及覆盆子的氣味，這些強烈香氣的來源，在於所採收的葡萄均是最佳的成熟狀態。

Unadir Tinto
娜迪兒紅葡萄酒

來自艾斯特雷馬杜拉葡萄酒原產地。於 Allier
French 橡木桶中陳釀四個月。櫻桃紅泛著微微
的紫色，果香濃郁，帶著黑莓漿果（黑莓、藍
莓）、咖啡，與橡木的香氣，具有良好協調的酒
體結構是其特徵。

口感 |
散發黑莓果（黑莓、藍莓）芬芳，還參雜一絲咖
啡香氣，入口可以品嚐到完整的木質味，結構完
整口感濃郁，餘韻以提拉米蘇與咖啡結尾。

Xentia
聖迪雅橡木桶陳釀葡萄酒

來自艾斯特雷馬杜拉葡萄酒原產地，於新的 Allier
French 橡木桶中陳釀了十四個月，深紅櫻桃色泛
著紫色的光澤，帶著乾果、香草、茴香、提拉米
蘇以及摩卡的溫暖氣息，也帶有黑莓果類的香氣。

口感 |
溫潤複雜，尾韻略為辛辣。

瓜迪亞納河岸葡萄酒產區周邊景點

LUGARES DE
INTERÉS EN LA
D. O. RIBERA DEL
GUADIANA

艾斯特雷馬杜拉自治區位於西班牙西南部，與葡萄牙相接，分為兩個省，分別是卡塞雷斯和巴達霍斯。

從馬德里或里斯本前往均可輕鬆抵達，該地區土壤肥沃，氣候溫暖，先天條件優良，相當適合種植葡萄。

旅客們來這探險，肯定會發現這是個擁有豐富歷史藝術遺產的美麗地區，山裡有清澈的山澗與壯闊森林，隨處可見令人心曠神怡的天然美景。

這裡各式各樣的慶典活動比比皆是，想體驗西班牙南部的熱情與絕美風情，這裡肯定是必遊之地！

從北到南穿過古老的銀之路（Vía de la Plata），這是羅馬時代伊比利亞半島最重要的交通動脈之一，路程中，旅客可以欣賞到許多歷史遺跡，特別是在梅里達，保存了西班牙極為重要的古羅馬遺址。

這裡的美食也不容錯過，在巴達霍斯，建議您品嚐番茄湯、烤羊肉，新鮮的鱒魚與美味無比的伊比利亞香腸。在瓜達魯佩，出色的乳酪與和烤乳豬（烤羔羊也很有名）是當地名菜。在薩夫拉（Zafra）燉牛尾、伊比利亞火腿與香腸也是人氣小吃。至於飯後甜點，由薩夫拉的聖克拉拉修道院（Convento de Santa Clara）的修女們製作的手工點心更是遠近馳名。

瓜達魯佩（Guadalupe） 於卡尼亞梅羅區

　　瓜達佩魯位於卡塞雷斯省的卡尼亞梅羅地區，是這區相當重要的城市，也是西班牙最美麗的城鎮之一，市中心廣場古樸饒富趣味，鵝卵石街道和傳統建築的房屋更為這座城市增添古意。

瓜達魯佩聖母修道院 · Real Monasterio de Nuestra Señora de Guadalupe

　　在保存完好的建築物中，此修道院毫無疑問是最顯眼的地標，1993年被宣佈為世界遺產。

　　修道院於十三世紀，由卡斯蒂利亞國王阿方索十一世下令建造，以感謝聖母庇佑在卡斯蒂亞王國與穆斯林的重要戰鬥中獲勝，修道院具有不同世紀的建築和不同時期的裝飾元素，華麗精巧的裝飾外觀、兩個迴廊、主教堂，以及最重要的聖器收藏室，裡面保存一組珍貴的繪畫系列作品，由八幅大幅畫作所組成，是西班牙著名的畫家法蘭西斯科·德祖爾巴朗（Francisco de Zurbarán）的作品。

　　目前，瓜達魯佩這個小鎮是伊比利半島最重要的宗教聖地之一，每年吸引成千上萬的遊客來此朝聖。

　　由於西班牙曾經征服美洲，所以瓜達魯佩聖母的信仰越過西班牙邊界，在墨西哥以及美洲各國都深具影響力。除了聖母修道院，小鎮周圍的環境也同樣值得參訪，La Vera 地區或 Monfragüe 國家公園是此區必遊景點。

特魯希略（Trujillo）於蒙坦切斯區

　　蒙坦切斯地區也位於卡塞雷斯省，由許多小城鎮所組成。從藝術史的角度來看，特魯希略是西班牙相當重要的藝術城市，保留了許多羅馬時期和穆斯林時期的歷史遺跡。儘管城鎮規劃和建築物已經在基督教時期做了些更改，但仍然保留不少過去的元素，形成了現今這座美麗的城鎮。

　　十六世紀是特魯希略偉大的輝煌時期，在很大程度上與西班牙的海上霸權、探索美洲與征服和殖民地有關。許多這裡出生的男人也加入海上探險，其中最著名的是秘魯的殖民者法蘭西斯科·皮薩羅（Francisco Pizarro）。

　　如同其他探險者，他們帶著巨大的財富返回家鄉，在特魯希略展開了教堂、醫院和其他重大工程的建設，使特魯希略一躍成為當時西班牙的富裕小城。風光了幾世紀後城市開始衰落，還好，它保留了當初豐富的歷史和珍貴的藝術遺產，現在依然是西班牙頗富盛名的古老城市之一。

聖母瑪莉亞大教堂 · Santa María la Mayor

　　是一座中世紀的代表性建築，我們可以從中辨識出不同風格的元素，如哥德式、文藝復興時期和巴洛克式。教堂內部強調了由當時的著名畫家費南多·卡耶果（Fernando Gallego）繪製的 25 幅巨大祭壇畫，描繪了聖母和基督的生活場景，祭壇裝飾華麗精美，大量的繪畫、雕塑與墓碑，是教堂內重要的歷史遺跡。

聖馬丁德圖爾教堂 · San Martín de Tours

　　建於十六世紀上半葉，是一座新舊風格融合的歷史遺跡，穿過建築內部進入利瑪之門，是建於十六世紀初的哥德式風格，內部有一個單獨的教堂中殿和哥德式羅紋拱頂覆蓋，旅客可以看到許多偉大的藝術作品，如主祭壇（主體為受苦的基督，十七世紀的宏偉雕刻）、輝煌的巴洛克風琴（十八世紀晚期）和其他幾幅曠世宗教畫作，（十五世紀晚期，描繪死去的基督）。另外來自十三世紀的作品：加冕聖母像的彩色木雕，也是很值得一看的歷史文物。

　　在特魯希略，有兩座多明尼加修道院，一座是女性化的，另一座是男性化的，後者由十五到十九世紀建立。聖法蘭西斯科修道院則是建立於一座古老清真寺的遺址上，建築形式影響了十六，十七和十八世紀。

　　特魯希略還有許多其他宗教建築、古老醫院、莊園和宮殿，主要來自十五和十六世紀。

　　喜歡美食的旅客，乳酪與葡萄酒博物館（Museo del Queso y el Vino）是值得參觀的景點，市中心廣場中央的是弗朗西斯科·皮薩羅（Francisco Pizarro）的騎馬雕像，由青銅鑄造，重達 6 噸以上。

梅里達（Mérida）於高河岸區

　　高河岸區延伸穿過巴達霍斯省，位於瓜迪亞納河較平坦的區域，這個區域還有許多小城市，但毫無疑問的，最重要的是梅里達，一座歷

史悠久的古羅馬城市，目前爲艾斯特雷馬杜拉自治區的首府。

考古遺址群 · Emerita Augusta

梅里達最著名的是考古遺址群
已宣佈爲世界遺產。古羅馬時期最
重要的建築都被保留下來，古羅
馬劇院則是梅里達最著名的紀念
碑，它建於公元前一世紀的山坡
上，可以容納約六千名觀眾。七～
八月期間，國際古典戲劇節的節
目仍然會在這古老的場域舉行。

羅馬圓形劇場

羅馬圓形劇場（又稱圓形競技場）建於公元前一世紀，非常靠近古羅
馬劇院。場地的中央爲進行表演的地方，座位則沿四周排列，主要用作角
鬥士等競技比賽，有些也會進行話劇的文藝活動，可容納超過一萬五千人
的巨型空間。

羅馬橋 · Puente Romano

至今仍在使用，這座橋橫跨
在瓜地亞納河上，是梅里達最早
建造的羅馬建築之一，也是當代
世界上保存下來最長的羅馬橋之
一，長 755 米，有 62 個拱門。

國家羅馬藝術博物館 · Museo Nacional de Arte Romano

　　該博物館珍藏歐洲最好的羅馬雕塑和馬賽克收藏品之一，外觀設計則是由普立茲克獎得主，著名西班牙建築師 Rafael Moneo 的作品。

西班牙廣場 · Plaza de España

　　饒富古意的市政廳和大教堂以及眾多的餐廳與咖啡館，在其周圍的推薦景點中，保存良好的黛安娜神廟是必訪的行程，長方形的神廟建在高聳石砌講台上，宏偉的廊柱為旅客駐足觀賞的重點。

巴達霍斯（Badajoz）於低河岸地區

　　低河岸地區，我們推薦巴達霍斯市。這座城市位於瓜迪亞納河畔，距離西班牙與葡萄牙的邊界僅僅幾公里，它是本區人口最多的城市，由穆斯林在西元 875 年建立的，事實上在這之前已經發現人類生活的遺跡。

阿爾卡薩巴 · Alcazaba

　　最獨特也最古老的紀念碑，是一座防禦性建築，由塔樓和堅固的城牆組成。它被建造於一座小山上，是極為重要的歷史藝術紀念碑，也是西班牙最大和保存最完好的歷史遺產之一。

從建於 12 世紀的前門（Puerta del Capitel）進入，這是該建築群中最優雅的部分，也是當時門戶建築形式的典範，位於紀念碑中的 Espantaperros 塔也很值得造訪的景點，往裡面走會看到建於十六世紀的岩石宮殿，目前是考古博物館。

離開紀念碑，我們來到阿爾塔廣場（Plaza Alta），這是該市最古老傳統的場域之一，由各式古色古香的商店所組成，近年來已成為這個城鎮居民主要的聚會場所。

從廣場散步到市區，隨意瀏覽其他歷史古蹟。在所有建築物中，有建於十五世紀的聖奧古斯丁教堂和市中心大教堂，其中大教堂為十三世紀的歷史遺產，收藏許多中世紀雕塑和珍貴繪畫作品。

位於城牆邊的大門為帕爾瑪斯門（Puerta de Palmas）是相當重要的地標，建於 16 世紀，是城市的入口之一。這個巨大的城門與橫跨瓜迪亞納河的帕爾瑪斯橋相連，促進了西班牙與葡萄牙的交流。

巴達霍斯是充滿活力的城市，全年提供廣泛的文化活動和各式傳統慶祝活動。例如，舉世聞名的嘉年華，也是西班牙最著名的狂歡派對之一，莊嚴的聖週遊行、聖胡安博覽會（Feria de San Juan）或 Almossassa Batalyaws 舞會，該舞會是以紀念這座城市的建立而舉辦。

七個窗口的塔樓

幾個世紀以前，巴達霍斯住著一位美麗的穆斯林公主。

公主愛上一名基督教男子，父親無法接受女兒這段戀情，於是下令將她關在一座建立於十二世紀的古老摩爾人城堡的阿爾卡薩巴城堡 (Alcaza) 一座有七個窗戶的塔樓裡，傷心欲絕的公主只能透過窗戶看著她心愛的人、思念的城市與滾滾河流。

父親見女兒深愛一個異教徒感到氣憤難平，於是又命人將塔樓的窗戶全部封死，門下透入微弱的光線是公主唯一能看見的。

她的世界因悲傷而全然崩解，最後抑鬱而終，直到今日在冰冷漆黑的夜晚，仍然能在塔樓附近聽見這位可憐女孩痛苦哀傷的嘆息聲。

阿爾門德拉萊霍（Almendralejo）於巴羅斯地區

巴羅斯地區也位於艾斯特雷馬杜拉自治區，周圍幾乎是平坦遼闊的平地，由幾個小城市組成，其中推薦巴羅斯地區的首府，阿爾門德拉萊霍（西班牙葡萄酒原產地監管協會，即位於本市）。

小鎮位於古老的朝聖之路「銀之路」上。小鎮周圍環繞廣闊的葡萄園和橄欖樹林，旅客可以感受到濃濃的田野風情。沿路上傳統與現代的葡萄酒莊林立，可以到處走停停，造訪每個酒莊品嚐他們的葡萄酒並發掘獨特的歷史。

葡萄酒科學博物館 · Museo de las Ciencias del Vino

進入這個區域，你會感覺進入了一個充滿感性、香氣、色彩和別具風味的世界。博物館為了想要更了解葡萄酒文化和知識的人提供各項完整的資訊，館內設有大型葡萄酒展覽室與紀念品商店，更值得一看

的是由瓜迪亞納葡萄酒園產區所授權的，各種葡萄品種的花園。

　　鎮上也有許多歷史古蹟，像是建於 16 世紀的淨化聖母教堂（Iglesia de Nuestra Señora de la Purificación），其文藝復興時期的前門為主要特色，來訪時記得觀賞矗立於內部華美的主祭壇和 20 世紀初建造的宏偉風琴。

　　在市區必須提到建於 1752 年的夢薩露宮殿（Monsalud）。現為鎮上的市政廳。順帶一提，西班牙著名浪漫主義詩人 José de Espronceda 就是誕生在這個小巧的古城。

　　阿爾門德拉萊霍的美食與西班牙其他城鎮一樣，非常豐富且多變。更別忘了品嚐當地盛產的葡萄酒！另外，當地的橄欖在西班牙也是遠

近馳名，到這裡請務必嚐
嚐。這裡也時常舉辦各式慶
祝活動，其中大多與美食
和葡萄酒有關，例如八月
份的豐收節（ Fiesta de la
Vendimia），旅客不妨來一
起與當地居民共襄盛舉！

巴羅斯自由鎮（Villafranca de los Barros）

巴羅斯自由鎮坐落在一片
廣闊平原上，位於市中心的聖
母教堂（Nuestra Señora del
Valle）是值得參訪的景點。 教
堂從十六世紀初開始建造，歷
經三百年後已經殘破不堪，於
是在十九世紀和二十世紀，政
府對建築物進行了重大改建，
其最重要的特色是獨具風格的大前門塔樓，位於塔樓正面是贖罪之門
（Puerta del Perdón）為哥德式晚期華美的建築風格。教堂內部，首
先欣賞的是十六世紀末建造的拱頂，繁複精細的雕刻是哥德式和文藝
復興時期混搭的風格。而主教堂裡的祭壇畫，也是十六世紀末的作品，
相當珍貴。

位於市中心西側的科羅納達修道院（ermita de la Coronada）供
奉科羅納達聖母，庇護著城市的居民。修道院建立於 15 世紀末至 16
世紀初，當時巴洛克風格正經歷重大的改革，最後修道院依然維持著
傳統的巴洛克風格。

薩夫拉(Zafra)於馬達尼加拉區

這個歷史悠久的小鎮主要是由大教堂、修道院、莊嚴的宮殿與古老的醫院組成，均勻分佈在整齊的廣場與街道，如大廣場（Plaza Grande）和女仕廣場（Plaza Chica）。

小鎮的歷史重要且深遠，可以追溯到古老的從前，周圍的環境一直是古羅馬時代的歷史遺跡，當然也記錄著穆斯林存在於此地的重要證據，直到 1241 年這些穆斯林居民才被基督徒軍隊征服。

建議從旅客中心出發，現今的旅客中心為費里亞公爵（Dukes of Feria）的舊宮殿遺址，宮殿建立於 15 世紀，在 17 世紀初期修建和擴增，內部附設餐廳，旅客可以選擇留在餐廳用餐，或者參觀宮殿內部不同時期的建築風格。

坎德拉利亞神學院教堂 · Colegiata de la Candelaria

小鎮最重要的建築是坎德拉利亞神學院教堂，建立於西元 1527 年，是一座宏偉的大教堂。在教堂中殿和後殿間的建築形式都相當符合該時期當下的宗教性，教堂內部主要的祭壇畫，描繪濟世聖母圖，陳列室裡展示中世紀巴洛克式的古老風琴以及各式珍貴聖器收藏，是小鎮極其重要的文化資產。

其他推薦的景點，如聖克拉拉修道院（convento de Santa Clara）建於十五世紀，擁有十六世紀後期風格的壯麗雄偉的磚石建築。聖卡塔利娜修道院（convento de Santa Catalina），其教堂

佈滿了融合穆斯林與基督教風格的穆德哈爾風格（mudéjar）的美麗格子天花板。聖地牙哥（hospital de Santiago）與聖米格爾醫院（hospital de San Miguel）也值得一訪。

　　在小鎮的民間建築中，還保存著舊城牆的遺跡和一些古羅馬時代的舊通道。阿耶梅斯之家（Casa del Ajimez），建立於十五世紀的老房子，有美麗的穆德哈爾風格的窗口。在市中心的聖柱廣場（Plazuela del Pilar Redondo），你可以看到加西亞德托萊多宮殿（Casa-palacio de García de Toledo），目前該宮殿爲薩夫拉的市議會。在同一個廣場邊，也可以看到新古典主義風格的伯爵宮殿（Palacete del Conde de la Corte），現已改建爲豪華飯店，部分房屋呈現現代主義和新建築主義的外觀。

　　豐富多樣的美食與令人放鬆的度假氛圍，一直是薩夫拉重要的旅遊資產，也是旅客一再造訪的原因之一。

封藏於瓶中的西班牙 ————

赫雷斯雪莉酒

DENOMINACIÓN DE ORIGEN JEREZ-XÉRÈS-SHERRY Y MANZANILLA- SANLÚCAR DE BARRAMEDA

COTO DE DOÑANA
多尼亞納國家公園

SEVILLA 往賽維亞
MADRID 往馬德里

BODEGA DELGADO ZULETA
德爾嘉多酒莊

Sanlúcar de Barrameda
桑盧卡爾 - 德瓦拉梅達

Chipiona
奇皮奧納

BODEGAS DÍEZ MERITO
迪亞茲酒莊

Jerez de la Frontera
赫雷斯-德拉弗龍特拉

BODEGAS LUSTAU
盧世濤酒莊

威廉漢特酒莊
BODEGAS WILLIAMS & HUMBERT

El Puerto de Santa María
聖瑪利亞港

Cádiz
加地斯

OCÉANO
ATLÁNTICO
大西洋

Chiclana
奇克拉納

"Si mil hijos tuviera, el primer principio humano que les enseñaría sería, abjurar de toda bebida insípida y dedicarse al vino de Jerez".

William Shakespeare

「假若我有上千個兒子，作為男人的
第一條原則我會教他們品嘗雪莉酒。」
威廉‧莎士比亞

歷史背景

　　赫雷斯葡萄酒（雪莉酒）出現於公元前一世紀，由希臘地理學家斯特波拉提出。在他的《地理學》（Geografía）一書中提及，公元前一千一百年腓尼基人把葡萄帶進西班牙。腓尼基人是第一個在赫雷斯地區種植葡萄和釀酒的人。之後，腓尼基人更把赫雷斯葡萄酒販售到地中海區域，特別是羅馬。在羅馬統治時期，葡萄酒的生產與販賣更爲興盛。

　　儘管穆斯林教義禁止飲酒，但是當摩爾人入侵伊比利半島時，並沒有阻止葡萄牙的種植，不過主要是用在香水、外用藥膏或是藥用目的。

1264 年，基督徒從穆斯林手中收復赫雷斯，此時葡萄酒已經出口英國。之後隨著美國購入，赫雷斯葡萄酒的市場需求大幅增加。其中也包括了在十七、十八世紀愛爾蘭、蘇格蘭和英國的建立與投資。十九世紀，西班牙大家族在赫雷斯建立了重要的葡萄酒莊，並隨著電信和交通的發展，赫雷斯葡萄酒在二十世紀擴張版圖。

赫雷斯雪莉酒原產區，與桑盧卡爾─德瓦拉梅達曼薩尼亞雪莉酒原產區，所涵蓋的地區位於伊比利半島南端。其中包含赫雷斯─德拉弗龍特拉 (Jerez de la Frontera,)、桑盧卡爾─德瓦拉梅達 (Sanlúcar de Barrameda)、特雷武赫納 (Trebujena)、奇皮奧納 (Chipiona)、羅塔 (Rota)、王港市 (Puerto Real)、奇克拉納─德拉夫龍特拉 (Chiclana de la Frontera)、萊夫里哈 (Lebrija)，是由監管委員會通過市政條款認可的葡萄產區，用於赫雷斯和曼薩尼亞的雪莉酒，目前種植面積為七千公頃。

另外一個重要精選級的葡萄酒區為雪莉酒三角區，分別為：赫雷斯─德拉弗龍特拉、聖瑪利亞港 (El Puerto de Santa María)、桑盧卡爾─德瓦拉梅達。只有在這三個區域中培養完成後裝瓶的葡萄酒，才能使用赫雷斯雪利酒的法定名稱。

桑盧卡爾─德瓦拉梅達曼薩尼亞原產區的生長區域，只限定在桑盧卡市。曼薩尼亞的原料（葡萄或是基礎葡萄酒）可以由原產區下的其他地方生產，但釀造過程必須在桑盧卡爾─德瓦拉梅達執行。此城市特殊的天氣條件，讓桑盧卡爾─德梅達酒窖能用生物陳釀製作。

地區氣候

赫雷斯馬可幅員廣闊，其特殊的白色土地，阿爾巴尼沙 (albariz)，是最適合赫雷斯葡萄生產的最佳土質。 土質富含碳酸鈣、黏土、二氧

化矽，具有高度蓄水能力，可保存多
季雨水在乾熱季生長，釋放水分。

　　此區位於溫暖的南部，受到大西
洋的影響，平均氣溫約在攝氏 17.5
度。一年之中大部分為晴空萬里的好
天氣，降雨集中在十月到五月。西風
帶來海洋水氣，早晨柔軟的露水灌溉了赫雷斯葡萄並有調節作用，能
減少夏季酷暑和東部暖風的影響，這樣的氣候有利於植物發展和葡萄
的採收成熟度。

Tipos de uva

葡萄類型

　　葡萄酒質量監管會規定，用於赫雷斯原產區的**葡萄如下**：帕洛米洛
（Palomino）、德羅希梅尼斯（Pedro Ximénez）、蜜思嘉（Moscatel）。
三種皆為白葡萄品種。

　　桑盧卡爾—德瓦拉梅達曼薩尼亞雪莉酒原產區，也使用這三個品
種的葡萄。至少 60% 的帕洛米洛是來自赫雷斯上區。

　　赫雷斯原產區所有的雪莉酒，最少要陳釀三年才能販售，其生產
的葡萄酒種類包括：乾型（Vino Generoso）、甜型（Vino Generoso
de licor）和天然甜型（Vino Dulce Natural）。

　　而桑盧卡爾—德瓦拉梅達原產區生產的酒，被稱為曼薩尼亞，根據
釀造和陳釀可分為：曼薩尼亞菲諾（Manzanilla Fina）、曼薩尼亞帕薩
達（Manzanilla Pasada）和曼薩尼亞奧羅索（Manzanilla Olorosa）。

備註：除了盧世濤酒莊的「桑盧卡爾—德瓦拉梅達曼薩尼亞雪莉酒」，為桑盧
卡爾德瓦拉梅達原產區之外，上述的葡萄酒原產區為赫雷斯雪莉酒。

BODEGAS
酒莊

雪莉酒產區

在赫雷斯雪莉酒原產區，以及桑盧卡爾—
德瓦拉梅達曼薩尼亞雪莉酒原產區中，我
們挑選了以下的酒莊介紹：德凱羅蘇雷特
酒莊、迪亞茲酒莊、盧世濤酒莊和威廉漢
特酒莊。

01 ——

保持百年來的悠久傳統
德爾嘉多酒莊

德爾嘉多酒莊，是位於桑盧卡爾——德瓦拉梅達產區內的釀酒廠，由法蘭西斯　古雷德斯曼 (Francisco Gil de Ledesma) 於 1744 年建立。成立以來，酒廠一直是家族酒莊，目前由第九代執掌，還是維持四代同堂一起製造、銷售曼薩尼亞雪莉酒和赫雷斯雪莉酒的傳統。

BODEGA
DELGADO ZULETA

　除了家族特色外，酒莊處於盧卡爾德—瓦拉梅達曼薩尼亞雪莉酒、赫雷斯雪莉酒和赫雷斯酒醋，三個原產地交界處的獨特地理位置。

　酒莊位於桑盧卡爾德—瓦拉梅達產區的高處，所有不同的葡萄酒莊都集中在此，方便遊客可以同時品嚐各種葡萄酒。

　酒莊裡的葡萄酒解說中心，是為了提供最佳的葡萄酒感官饗宴而創造的空間，提供了各種參觀旅程。提供有關赫雷斯馬可和酒莊裡不同葡萄酒製作、酒花釀造和氧化過程等的解說。

　能看到有趣的葡萄酒釀造過程，並品嚐卡瓦那白葡萄酒（Viña Galvana）、洋甘菊製成的戈雅雪莉酒（La Goya）、蘇雷德阿蒙提亞

多 (amontillado fino Zuleta)、奧羅多蒙特古多 (oloroso vieJo Monteagudo)、佩德羅希梅內斯 (Pedro Ximénez Monteagudo) 和混合奧羅多 (oloroso) 和佩德羅希梅內斯 (Pedro Ximénez) 製作的紅酒乳霜。

　　導覽可分爲傳統導覽 (週一至週六有英、德、西文導覽)、曼薩尼亞夜間導覽、佛朗明哥和馬術表演、下酒小菜 (Tapas) 的介紹和品嚐。在酒莊裡還有設置商店,販賣各式葡萄酒產品,和像是葡萄酒組的優惠組合。

Info

Avda. Rocío Jurado, s/n | 11540 SANLÚCAR DE BARRAMEDA (Cádiz) | Tfno. +34 956 360 133 | Fax. +34 956 360 780 | visitas@delgadozuleta.com www.delgadozuleta.com

超過兩百年的釀酒歷史，和獨特的地理位置，促使德爾嘉多酒莊成爲多樣葡萄酒口味的中心，一邊品嚐酒莊精心陳釀的酒體，搭配佛朗明哥與馬術表演，實爲最道地的體驗。

Amontillado
阿蒙提亞多雪莉酒

清澈濃郁的金黃色澤。

可聞出生物陳釀的酵母氣息 (堅果和穀物)、抗氧和橡木桶的細微差別。

口感 |
清爽、清淡，酒體輕盈。阿蒙提亞多是理想的食物配對的藝術，可搭配許多食物，如白肉、湯品、蔬菜奶油、魚類和各種飯類以及其他選擇。

Pedro Ximénez
佩德羅‧希梅內斯雪莉酒

明亮深栗色。喝一口能喚起對葡萄酒強烈
的記憶，尤其是甘草或是咖啡。

口感 |
滑順，酸度適中、帶甜味。許多侍酒師說
佩德羅希梅內斯不是酒，而是甜點。適合
搭配黑巧克力、冰淇淋和藍紋乳酪。

Quo Vadis
君往何處去雪莉酒

強烈的深紅色澤。堅果香味強烈撲鼻，還帶著
香料、香草、咖啡和椰子香氣。

口感 |
由於濃度高，口感乾、強烈而尖銳。老的阿蒙
提亞多口感嚴肅。適合搭配乳酪、生火腿、北
方藍鰭金槍魚。儘管還是單喝最好。

BODEGAS DÍEZ MERITO

02 ——

皇家葡萄酒供應商
迪亞茲酒莊

　　酒莊的歷史可追朔到 1876 年，薩爾瓦多・迪亞茲（Salvador Díez）和佩雷斯・迪姆紐（Pérez de Muñoz）創立了「迪亞茲兄弟」。自創立以來，酒莊經歷突破性的改革，於 1889 年買下索雷拉（SOLERA）陳釀系統，其中一些是 1793 年雪莉菲諾（Fino）的母體，爲公司奠定了重要的基礎。

　　1883 年，國王阿方索十二世授予皇家葡萄酒供應商的榮譽，是有史以來最偉大的雪莉酒之一，其後改名爲迪亞茲酒莊。

　　迪亞茲酒莊結合了赫雷斯最傳統的品牌、獎項和聲望於一身，將

赫雷斯葡萄酒帶向更高品質的地位。

　　酒莊使用四個赫雷斯葡萄酒品牌，分別是：斐馬丁 (Permatín)、梅莉朵 (Mérito)、貝托拉與 VORS 菲諾帝國 (Bertola y losVORS Fino Imperial)、維多利亞‧里賈納與老索雷拉 (Victoria Regina y Vieja Solera)。

　　白蘭地爲梅莉朵和馬奎斯迪梅莉朵的品牌，赫雷斯酒醋則使用荷西斐馬丁品牌，歐塔拉品牌下則爲藥草烈酒、潘趣酒、果渣白蘭地和巴薩拉酒。

釀酒廠設施

　　酒莊在市中心有兩座釀酒廠，分別爲 1819 年建的瓜德洛酒莊 (Bodega El Cuadro)，以及 1790 年的貝德曼蒂酒莊 (Bodega Bertemati)。對赫雷斯人來說，能近距離聞到釀酒的香氣是件令人高興的事。

　　貝德曼蒂酒莊被葡萄酒質量監管會列爲豪華酒莊，赫雷斯人以其獨特外觀的拱門、拱頂和桌子以植物形狀來命名。內部經典的擺設，以庭院爲中心圍繞著斜屋頂的釀酒廠。

　　迪亞茲酒莊每天都有導覽，可品嚐下酒小菜、午餐和葡萄酒與食物搭配，還有特別活動像是雪莉酒烹飪課和葡萄園參觀。他們喜歡在導覽時傳達葡萄酒的細節，讓人們更貼近享受葡萄酒的經驗。

Info

Diego Fernández de Herrera, 4　|　11401 JEREZ DE LA FRONTERA (Cádiz)　|
Tfno. +34 660 233 438 / +34 956332973　|　visitas@diezmerito.com
www.diezmerito.com

頂著皇家授予有史以來最偉大的雪莉酒之一，迪亞茲酒莊的自釀酒不禁讓人躍躍欲試！隨著陳釀時間越長，葡萄的香氣與顏色越見珍貴，更加符合皇室的尊貴。

Amontillado Fino Imperial

阿蒙提亞多菲諾帝國

是一款陳年葡萄酒，在第一階段的生物陳釀，透過酵母和榛果發酵有強烈撲鼻的香氣。在美國橡木桶裡陳釀超過三十年，最初的淡黃色轉換成美麗的琥珀色，有著香草、堅果和橡木的香味。

口感｜
滑順持久。適合搭配湯品、白肉、魚、生火腿和乳酪。蔬菜可搭配蘆筍和朝鮮薊食用。

Oloroso Victoria Regina
奧羅多里賈納

從起源開始，陳釀的時間越長顏色越深；從琥珀色開始，隨著時間流逝變成桃花心木色澤。

口感 |
味道深層、充滿細緻的香草和堅果香味。質感細緻，口感柔順。適合搭配紅肉、生火腿和乳酪。

Pedro Ximénez Vieja Solera
德羅希梅尼斯老索雷拉

使用德羅希梅尼斯葡萄。

透過葡萄酒釀製，獲得大量的葡萄糖。透過陳釀系統的三十年老化，索雷拉的密度慢慢增加，呈深桃花心木色。

口感 |
有著椰棗、巧克力和咖啡香味，口感柔軟甜美。適合搭配藍紋乳酪、糕點和水果食用。

03

囊括世界大獎
盧世濤酒莊

　　盧世濤酒莊於 1896 年由唐荷‧西—路易斯 (don José Ruiz-Berdejo) 創立。唐荷‧西—路易斯在自家莊園種植葡萄，之後賣給大型出口酒商。1940 年，其女婿唐安‧密力歐 (don Emilio Lustau Ortega)，把酒莊移到赫雷斯—德拉弗龍特拉舊城的聖地牙哥區。在歷史悠久的阿拉伯城牆建築物中，開啓了他的生意。

　　四零至五零年代，盧世濤酒莊逐漸擴大且向其他小型生產商購買索雷拉 (solera)。艾米利奧‧盧世濤開始以自己的品牌商業化經營，帕比盧莎 (Papirusa)、加拉納 (Jarana)、艾斯卡雷拉 (Escuadrilla)、西班牙皇后 (Emperatriz Eugenia)、Cinta de Oro 都是酒莊的自有品牌。從 1950 年起，盧世濤酒莊成爲赫雷斯葡萄酒出口商。

　　酒莊在 1970 年開始擴大版圖，在國際上的曝光度高。從八零年代開始，酒莊成爲赫雷斯最創新的公司之一，因其將釀酒技術和創新技術結合，致力於提高白蘭地和赫雷斯葡萄酒的品質，奠定了盧世濤酒莊現在的聲譽和地位。

　　1990 年，知名的路易斯·卡瓦耶羅收購盧世濤酒莊。由路易斯·卡瓦耶羅生產烈酒，也因收購而獲取了大量的資金並進行擴張。盧世濤酒莊擁有兩座位於赫雷斯上區的葡萄園。

　　2000 年六月，盧世濤酒莊購入赫雷斯市中心六座十九世紀的釀酒廠，面積爲兩萬平方公尺。六座建築皆已修復，目前爲酒莊的主要釀酒廠。

　　近年來，盧世濤酒莊獲得許多獎項，分別是：2011 年在倫敦國際葡萄酒大賽中奪得西班牙最佳酒莊。2012 年爲全世界獲獎最多的西班牙酒莊和世界第七大酒莊。2014 年爲赫雷斯最佳酒莊。2015 年再次奪得全世界獲獎最多的西班牙酒莊和世界第八大酒莊。2016 年被國際葡萄酒大賽提名爲最佳赫雷斯葡萄酒製造商。WAWWJ(評鑑世界百大葡萄酒) 評選爲第七名。

　　酒桶儲藏室藏有 80 桶葡萄酒，木桶由法國和美國櫟樹製成。儲藏室採用恆溫控制。

BODEGAS
LUSTAU

Info

Calle Arcos, 53　|　11402 JEREZ DE LA FRONTERA　(Cádiz)　|　Tfno. +34 956 34 15 97
lustau@lustau.es　|　www.lustau.es

掃遍世界各項名家大賞的盧世濤酒莊，其酒體中的獨特滋味，將果香、海風、木桶陳釀等滋味包含進酒體，一開瓶就像投入不同的驚豔世界。

Oloroso Emperatriz Eugenia

尤金妮亞女王 · 金黃雪莉酒

香味乾爽、深沉而複雜，金黃色澤中帶點綠色。優雅的葡萄酒能反映出橡木桶的陳釀味。

口感｜

有強烈的橡木桶和堅果味。有堅果、李子和可可香氣。適合搭配燉菜、紅肉、乳酪食用。

Manzanilla Papirusa

帕皮露莎‧曼薩尼亞雪莉酒

金黃色澤，此款雪莉酒的香氣有海風的味道。

口感|

口感輕盈、新鮮帶點輕微酸味。典型開胃酒，
適合搭配海鮮、鮮蚵、炸魚和白魚食用。

East India Solera

東印度頂級雪莉酒

深桃花心木色。熟成的水果香味，還有摩卡、
可可和太妃糖味。建議選用杯緣寬大的杯
子，加上冰塊和一片柳橙飲用。

口感|

酸度清淡、口感複雜帶著葡萄乾、堅果和焦
糖柳橙味。可搭配乳酪、鵝肝、甜點食用。
獨特的風味和個性成為雞尾酒的首選。

04

全歐洲最大的酒莊
威廉漢特酒莊

　　威廉漢特酒莊是歷史悠久的赫雷斯雪莉酒和白蘭地酒廠之一，原產地爲赫雷斯雪莉酒原產區。酒莊有超過三十個自有品牌，共行銷到八十個國家，顯示出威廉漢特酒莊出口葡萄酒的驚人版圖。

　　酒莊在 1877 年由亞歷山大・威廉（Alexander Williams）和亞瑟・漢特（Arthur Humbert）創立，並於 1975 年由建築師拉蒙・蒙瑟拉和工程師安東尼・賈西亞聯手打造成歐洲最大的酒莊。酒莊內能容納五萬桶木桶。曾獲得國家級建築獎，因設計技術的重要性，也被宣布成爲安達魯西亞的歷史遺跡。

BODEGAS WILLIAMS & HUMBERT

　　酒莊現在白分白爲梅迪納家族所持有。不斷在傳統和釀造上的嘗試與創新，反映出了威廉漢特酒莊品牌的成功。此外，威廉漢特酒莊還販售其他原產地的葡萄酒，和一系列名爲梅迪納・德・艾席納（Medina del Encinar）的食品，包括伊比利火腿和乳酪。

　　威廉漢特酒莊擁有自己的葡萄莊園，位於赫雷斯上區，總面積爲三百五十公頃，爲此區最優質的葡萄園。

　　酒莊提供遊客像是葡萄酒廠設備參觀、配對菜單與品酒、葡萄園的行程，並有能購買酒莊產品的商店。

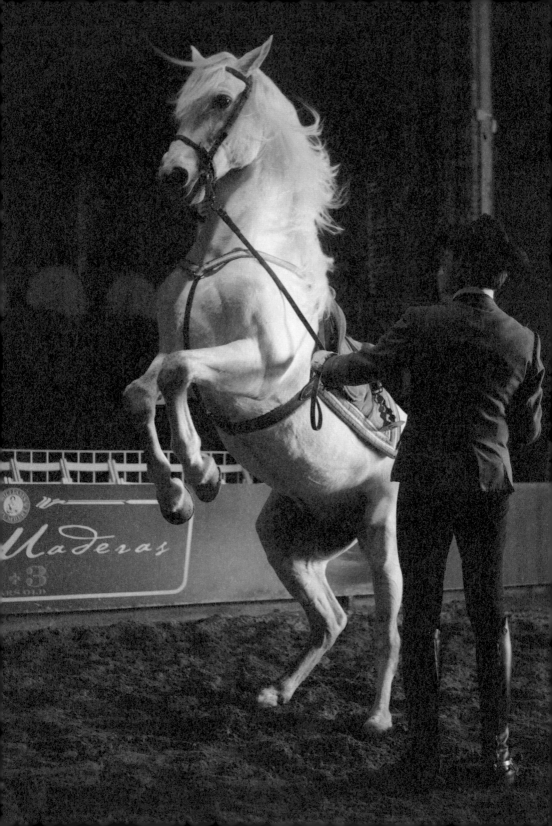

赫雷斯博物館 (El Museo del Jerez)

在公爵大廳裡收集了許多十八世紀實際使用的器材，像是實驗室器材、辦公用具、酒莊的工作器材、瓶裝機器、桶匠和赫雷斯馬可的葡萄。不同類型的酒精度計、蒸餾器、滅菌釜、鎖蓋機。甚至有歷史可以追溯到 1936 年的 Dry Sack 釀酒機，也是這座博物館裡眾多的赫雷斯葡萄釀酒機之一。內部有葡萄園和地窖使用的工具，也有用來踩踏葡萄的靴子，甚至是辦公室工作用具，讓民眾可以從傳統和文化中了解赫雷斯馬克的歷史和遺產。

馬術表演

威廉漢特酒莊在馬術傳統有百年歷史。赫雷斯地區的葡萄酒和馬，扮演代表了安達魯西亞文化的重要角色。馬場賽道為一千兩百平方公尺，可容納二百七十人，舉辦馬術表演和包括騎術學校活動。

除了馬術表演之外，酒莊內有馬車博物館、馬具用品室，備有夜間照明設備的馬術競技場能容納五百人，面積一萬兩千平方公尺。

雪莉女郎

遊客並可以透過虛擬的雪莉女郎，了解威廉漢特酒莊從 1877 年至今的歷史。

Info

Ctra. Nacional IV – Km 641 – 11408 ｜ 11408 JEREZ DE LA FRONTERA (Cádiz)
Tfno. +34 956 353 400 ｜ Fax. +34 983 816 561 ｜ williams@williams-humbert.com ｜
www.williams-humbert.com

在陽光下採摘豐收的葡萄，將葡萄轉化為醉人心弦的酒品，在這被宣布為歷史遺跡的古老酒莊中，兼具雪莉酒與白蘭地的釀酒實力，其嘗試與創新在在都反應在酒莊出品的口味中受到世人喜愛。

Fino Pando
潘多菲諾特級雪莉酒

明亮的稻草金黃色，香味強烈且複雜。適合當開胃酒且可搭配各式下酒小菜、橄欖、堅果、伊比利生火腿。也適合搭配海鮮、魚，尤其是鹹味較重的鯷魚和生魚片。

口感 |
口感細緻且濃郁，在口中有愉悅的新鮮感。

Dry Sack Medium

威廉漢特微甜雪莉酒

明亮琥珀色葡萄酒，帶有濃郁的堅果香氣。
可以單喝或加冰塊，建議搭配開胃菜像是義
大利麵。

口感｜
口感飽滿、和諧、略帶酸味和甜味。

Don Guido

唐喬多 20 年雪莉酒

濃郁的黑桃木色，略帶黏稠。帶著德羅希梅尼斯
的葡萄香氣，葡萄乾、無花果和巴薩米克醋。適
合搭配甜點食用，總是為口感提供珍貴的禮物。

口感｜
微酸、甜味適中且持久。精緻甜味和香氣在口中
流連忘返。

雪莉酒原產區周邊景點

LUGARES DE
INTERÉS EN LA
D. O. JEREZ-
XÉRÈS-SHERRY
Y MANZANILLA-
SANLÚCAR DE
BARRAMEDA

赫雷斯馬可 (Marco de Jerez) 區域位於加地斯省西北方，四周環繞著美麗的海灘和重要歷史藝術的城鎮，讓人沉浸在西班牙的文化、傳統和習俗中。葡萄園遍布在山丘上，小麥和向日葵相輝映。

北部由瓜達基維河和多尼亞納分隔出特雷武赫納 (Trebujena)、桑盧卡爾─德瓦拉梅達 (Sanlúcar de Barrameda) 與奇皮奧納 (Chipiona)。赫雷斯在中心點。在此能夠享用美食、購物和享受夜生活。大自然愛好者會愛上多尼亞那國家公園 (Parque Nacional de Doñana)，貫穿維爾瓦、加地斯和賽維亞等省，是歐洲最大的生態保護區。

赫雷斯馬克的精選酒莊是歐洲最多訪客的地點，已超過五十萬人造訪。在此向遊客展示雪利酒的製作過程、品嘗、特色和搭配餐點進行解說。

在鄉村和城市享用各種優質食材烹煮而成的佳餚。在赫雷斯的任何城市裡，早餐可以用西班牙油條配巧克力。不同的餐廳和小酒館可以品嚐到經典菜色，像是海鮮飯、蛤蠣、蝦餅、小卷、海鮮沙拉、螯蝦佐青椒、馬鈴薯冷盤等。在沿海城鎮都買得到新鮮美味的海鮮，尤其是桑盧卡爾德瓦拉梅達的螯蝦。

幾世紀以來，遊客著迷於赫雷斯雪莉酒、佛朗明哥舞、對馬術的熱愛，是個迷人的文化。

赫雷斯—德拉弗龍特拉 (Jerez de la Frontera)

赫雷斯—德拉弗龍特拉，簡稱赫雷斯，是安達魯西亞自治區最為人知的城市之一，有二十萬居民，也是此原產區的命名由來。赫雷斯集中了所有重要的歷史藝術遺產，同時又能享受佛朗明哥、馬術表演、酒莊參觀和品嚐雪莉酒。街道上有令人歎為觀止的歷史遺跡，且具宗教性建築色彩豐富。

遊覽赫雷斯可從阿爾卡薩爾 (Alcázar) 開始，這是一座穆斯林的空間，包括清真寺、庭園、花園、阿拉伯澡堂、榨油機、蓄水池等。

聖瑪莉亞修道院 · Cartuja Santa María de la Defensión

被視為加地斯省最重要宗教建築之一，已登記為西班牙文化遺產。為十五世紀中的火焰式風格。此外，修道院在自家牧場養了好世紀的馬匹，這裡也是卡爾特會馬 (caballo cartujano，著名的安達魯西亞馬的其中一種分支) 的搖籃。

聖薩爾瓦多大教堂 · Catedral de San Salvador

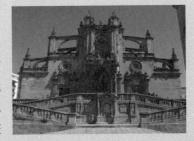

大型巴洛克風格建築。內部藝術作品華麗，如十五世紀的基督像是核桃木雕刻的、畫家法蘭西斯科·德·祖巴蘭 (Francisco de Zurbarán) 的聖女畫

（La Virgen Niña），以及 1951 年使用超過三百五十公斤銀器製成的聖光體。

聖迪奧尼西奧教堂 · Iglesia de San Dionisio

位於亞松森廣場的穆德哈爾式教堂，也是該城市最迷人的建築之一。

聖米格爾教堂 · Iglesia de San Miguel

與國際知名吉普賽藝術家蘿拉·弗羅斯（Lola Flores）的出生地位於同一社區。教堂建於十五世紀，外觀是巴洛克風格，有著偉大的雕刻家胡安馬丁尼茲·蒙塔涅斯（Martínez Montañés）和璜德·艾斯（Juan de Arce）所做的祭壇。

總督府拉瑟爾宮 · Palacio del Virrey Laserna

雖然幾世紀以來都爲住宅使用，但宮殿是赫雷斯最輝煌的建築之一，建於十八世紀末和十九世紀初的新古典主義風格。內部保留許多客房、緯織壁毯、畫像和古典家具。

阿布蘭德斯宮 · Palacio de Abrantes

這座美麗的建築是皇家安達魯西亞馬術學校總部。於十九世紀由巴黎歌劇院和蒙特卡洛賭場的建築師查理斯 · 卡尼爾 (Charles Garnier) 設計，阿布蘭德斯宮四周環繞廣大的花園。

欲了解這座城市的歷史，一定要拜訪博物館。有些與葡萄酒相關，像是老酒博物館 (Museo de Etiquetas Antiguas de Vino) 和赫雷斯博物館 (Museo del Jerez)。有些跟馬術有關，像是馬術藝術學校博物館 (Museo del Arte Ecuestre) 和馬車博物館 (Museo del Enganche)。

若沒有看過赫雷斯兩種馬術表演的其中之一種，別說你來過赫雷斯。一個是在皇家安達魯西亞馬術學校的舞馬 (bailan los caballos andaluces)，一系列精心設計的美麗芭蕾舞步，穿上十八世紀的傳統服飾，搭配安達魯西亞音樂。另一種是耶古達德卡都爾表演 (la Yeguada de la Cartuja)，成人和小孩都可以欣賞到純西班牙馬種的優雅。

桑盧卡爾—德瓦拉梅達 （Sanlúcar de Barrameda）

桑盧卡爾—德瓦拉梅達，或簡稱桑盧卡爾，位於瓜達基維河左岸，在多尼亞納自然公園 (al Parque Natural de Doñana) 前面。

傳統上，桑盧卡爾以漁業、商業和農業維生。旅遊業的加入，已經成為這個地方的經濟主軸之一。桑盧卡爾是歐洲有最長日照的城市之一，氣候宜人，年均溫為 20 度，有六公里長的壯麗海灘。

從歷史來看，此處是美洲發現後重要的商業飛地（飛地是指隸屬於某一行政區管轄，但土地不毗連的地方），是抵達賽維亞港口的前身。哥倫布在此啓開第三次航行，並於 1522 年九月六日返回此地。三年後，

麥哲倫和胡安‧塞巴斯蒂安‧埃爾卡諾 (Juan Sebastián Elcano) 率領的探險隊，也由此地展開首次的環球航行。

桑盧卡爾的歷史城區，由美麗的街道和廣場組成，宗教建築、民宅和數百年歷史的酒莊，被宣布爲歷史藝術遺跡，大部分的古蹟位在上區。

聖母教堂‧
Barrio Alto. Iglesia de Nuestra Señora de la O

於十四世紀建立，外觀有著十五世紀賽維亞穆德哈爾式風格，內部由三個中殿和木甲板組成，還有些藝術作品，如十七世紀的基督像。

梅西德修道院 · El convento de la Merced

建於 1616 至 1625 年間，爲市政府所擁有。目前改造成市政禮堂，用來舉辦文化活動。

另外還有像是建於十五世紀的聖多明哥城堡 (Castillo de Santiago)，六角形城堡主樓是最醒目的特色。奧爾良波爾宮 (El Palacio de Orleans-Borbón)，是建立於十九世紀末的新穆德哈爾式建築，目前爲該市的市議會。麥地那西多尼亞公爵宮 (El palacio Ducal de Medina-Sidonia)，追溯到十五世紀，爲歐洲重要的歷史檔案館。

在下區可以找到著名的古蹟和美麗的海岸長灘，是能享用安達魯西亞地方小吃和美食的好地方。理想的地點在熱鬧繁忙的聖洛哥廣場 (Plaza de San Roque)。此外，桑盧卡爾重要的酒莊皆有導覽、品酒活動和博物館。若八月來到桑盧卡爾，還可享受至十九世紀以來舉辦的海灘賽馬比賽，每年吸引成千上萬旅客到訪。

最後，不能錯過在 1994 年被聯合國科教文組織宣布爲世界遺產的多尼亞國家公園 (Parque Nacional de Doñana)。從桑盧卡爾出發，由導遊帶領探索 (www.visitasdonana.com)，可以搭乘瑞爾費南輪船的遊河旅程，觀賞動植物的健行行程。另一個選擇是在解說中心免費導覽，可在國家公園裡觀察超過三百種的鳥類。

加地斯（Cádiz）

　　在這歷史城區裡迷路，是了解這座美麗城市的好主意。另外一個好選擇是搭乘觀光巴士，就能參觀到所有加地斯的重要古蹟。若想到高處俯瞰全市的美景，可去大教堂塔樓（torre de la catedral）或是達維拉塔（Torre de Tavira）。

達維拉塔 · Torre de Tavira

　　是建於十八世紀的巴洛克建築，四十五公尺高的達維拉塔每天監視進出的商業船隻。現在是加地斯的最佳觀景台，內部有個暗室和光學天文台，透過反射鏡和望遠鏡可以觀看到 360 度的全景。

　　在加地斯不能錯過幾個的景點，我們先從帕布洛區（Barrio del Pópulo）開始。帕布洛區是加地斯最老的區，由許多鵝卵石鋪成的窄巷組成，街上充斥著工藝店、咖啡廳和酒吧。有許多紀念碑，包

括大教堂和羅馬塔。大教堂(La Catedral)建於十八世紀，有著巴洛克式和新古典元素。內部保有許多重要藝術作品。羅馬劇院(Teatro romano)建於公元前70年，爲加地斯最重要的古羅馬遺跡。雖然大部分的遺址尚未挖出，但仍顯示是伊比例半島最大的劇院之一。

繼續穿越老城區，沿路欣賞空間和建築。聖安東尼‧德帕多瓦教堂(Iglesia de San Antonio de Padua)，建於十七世紀中，是巴洛克式風格的建築，門口兩側由高塔組成，正門前有個大廣場。而法雅大劇院(Gran Teatro Falla)，則是西班牙最著名的劇院之一，於十九世紀末至二十世紀初有著新穆德哈爾式風格的紅磚瓦，內部裝潢華麗，舉辦加地斯嘉年華比賽。

在加地斯博物館(Museo de Cádiz)收集了不同時期的藝術作品，有腓尼基和羅馬文明的雕像。佛羅斯廣場(Plaza de las Flores)，則是個停下來吃點經典炸魚配上冰啤酒的好地方。另外，還有中央市場，走進這個傳統市場可以發現日常生活用品，購買蔬菜、蝸牛和各式魚類。而在建於十九世紀充滿各式植物的美麗地方——赫內斯公園(Parque Genovés)，在涓涓流水和鳥語花香讓人身心放鬆。

接著，來到城市最美麗的海洋區，有著雄偉的軍事建築和壯麗海灘。聖卡塔利娜城堡(Castillo de Santa Catalina)，這個重要的軍事建築建於十六世紀末，加強了城市周邊的防禦。五角形狀被護城河圍

繞，有一座橋和其餘吊橋做對外連接，現在作爲展覽和文化表演空間使用。

聖塞瓦斯蒂安城堡 · Castillo de San Sebastián

建於十八世紀初，蓋在一個小島上。幾世紀前有座獻給聖塞瓦斯蒂安的小教堂。現今，這個擁有美麗自然風光的地方用來演唱會和展覽空間。若想享受美麗的海灘，卡雷特海灘（Playa de la Caleta）是理想的地點。位於聖卡塔利娜城堡和聖塞瓦斯蒂安城堡，靠近歷史中心。維多利亞海灘（Playa Victoria），則爲歐洲最好的海灘之一，當地人和觀光客一起享受。

值得一提的是在加地斯的眾多節慶中，最具媒體影響力的是嘉年華會（Carnavales），被認爲是最具吸引力的國際旅遊活動。嘉年華會起源於十五世紀，但直到十七世紀才真正有影響力，現在是西班牙最重要的慶典之一。爲期一個禮拜的節慶，不同的團體在街上高歌。在卡雷特海灘有，像是騎馬、演唱會和煙火等活動。

其他景點 Otros lugares de interés

　　在加地斯和赫雷斯之間的是聖瑪利亞港 (El Puerto de Santa María)，位於加地斯港和瓜達萊特河口。壯麗的海灘、葡萄酒和海鮮能讓人放鬆身心。若對建築感興趣，可參觀聖馬可修道院、維多利亞修道院和聖母院。

特雷武赫納 · Trebujena

　　位於桑盧卡爾東北部幾公里處的瓜達爾基爾河畔。1987 年，史蒂芬·史匹柏在此拍攝太陽帝國。沿著熱鬧的街道前往馬約爾廣場，那裡是巴洛克風格的聖母無染原罪教堂。在酒吧裡可以喝杯葡萄酒配上蝦和鰻魚。

奇皮奧納 · Chipiona

　　這個古羅馬重要的飛地，現在是以海灘為名的旅遊重要景點之一。其中最為聞名的是瑞格拉海灘。但在建築中最負盛名的是聖女德拉雷格拉（崇高的聖母形象）。還有令人印象深刻的燈塔（建於 1876 年，是西班牙最高的燈塔）。

奇克拉納 · Chiclana

　　赫雷斯馬可以南的葡萄園，與奇皮奧納一樣是度假勝地，有多數的海灘、飯店和餐廳。

PORTUGAL

葡萄牙區

在葡萄牙的葡萄酒產區當中,我們主要
將介紹 綠酒 (Vinho verde)、波爾圖 (
Oporto), 以及阿連特茹 (Alentejo) 這
三個產區,和值得前去一訪的經典酒莊
及其酒單,當你被這本書裡的某一處吸
引,不妨實地走訪一探,一定會有更驚喜
的收穫!

征服年輕消費者味蕾 ——————

綠酒葡萄酒

DENOMINACIÓN DE ORIGEN Vinho Verde

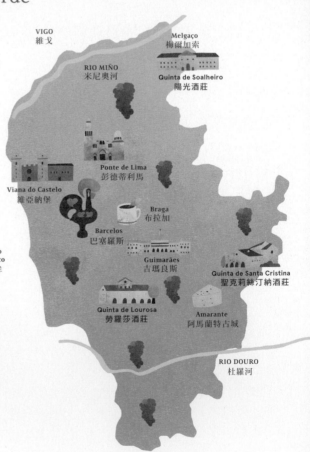

VIGO
維戈

Melgaço
梅爾加索

RIO MIÑO
米尼奧河

Quinta de Soalheiro
陽光酒莊

Ponte de Lima
彭德蒂利馬

Viana do Castelo
維亞納堡

Braga
布拉加

Barcelos
巴塞羅斯

Oceano
Atlántico
大西洋

Guimarães
吉瑪良斯

Quinta de Santa Cristina
聖克莉絲汀納酒莊

Quinta de Lourosa
勞羅莎酒莊

Amarante
阿馬蘭特古城

RIO DOURO
杜羅河

Vivemos nas encostas do abandono
Sem verdade, sem dúvida nem dono
Boa é a vida mas melhor é o vinho
O amor é bom, mas melhor o sono.

Poesías Inéditas (1930-1935)

Lisboa, 1955
Fernando Pessoa

我們生活在廢棄的山坡上
沒有真相，毫無疑問也沒有所有者
生活很美好，但葡萄酒更美好
愛很美好，但睡眠更美好
未出版的詩（1930-1935）

里斯本，1955 年
費南多‧佩索阿

歷史背景

綠酒的葡萄酒原產區位於葡萄牙面積最廣闊的區域，佔地三萬四千公頃。

這個區域在葡萄牙的西北部，傳統上把這個區域叫做杜羅與米尼奧河（Douro-Minho）中間地。由於位在米尼奧河 (Miño) 以北，從波爾圖一路延伸到大西洋。因此，這個產區又被劃分成九個小區域，每個部分都有其獨特性，分別為：蒙桑／梅爾加索 (Monção/Melgaço)、利馬 (Lima)、巴斯圖 (Basto)、卡瓦多 (Cávado)、艾維 (Ave)、阿馬蘭特 (Amarante)、巴揚 (Baião)、索薩 (Sousa) 和派瓦 (Paiva)。

關於綠酒的品質與歷史背景，自 1959 年開始，「優秀的品牌保證」便為其特色之一。自西元前 95-51 年，此區就有文獻記載開始生產葡萄酒，直到十二、十三世紀開始，葡萄酒開始成為葡萄牙北部當地主要收入來源 。

當時間來到十九、二十世紀，葡萄牙開始加強並致力發展葡萄酒事業。即使面對強勢競爭對手，如西班牙、義大利、法國等國，葡萄牙的葡萄酒也開始逐漸在市場上展露頭角，並以綠酒作為先鋒。以年輕與新鮮的味道為其優勢，征服消費者的味蕾，並漸漸被世人接受，在世界上取得一席之地。

地區氣候（La zona y el clima）

目前劃定的綠酒生產區，一路從大西洋順著山脈上升延伸到內陸，直到山脈區。

其山谷與河流的方向，有利海風滲透，因此種植了許多葡萄藤。大部分區域土壤生長在花崗岩及板岩區，其特性是不深、砂質地且酸度高，生長率低下。這些特性都讓此地成爲適合成長綠酒的區域。

綠色是這幅美麗的風景的顏色，加上潮濕多雨、溫度適宜，配上風光明媚的大西洋，綠酒成就了葡萄牙獨一無二的葡萄酒文化。

在**白葡萄的品種**中，有規定能生產綠酒的品種爲：阿爾巴利諾（Alvarinho）、愛玲朵（當地稱之 Pedernã）、阿維蘇（Avesso）、阿莎爾（Azal）、巴托卡（Batoca）、羅蕾拉（Loureiro）、塔佳迪拉（Trajadura）。

紅葡萄則有：阿爾菲松（Alverlh）、艾瑪洛（Amaral）、波哈薩（Borraçal）、艾斯帕德羅（Espadeiro）、帕德羅（Padeiro）、羊尾巴（Rabo-de-Ovelha）和維豪（Vinhão）。

製造綠酒可以混合不同的品種葡萄，或者選擇單一品種，因此製作上非常多樣化。

白酒的特色是特別清香、乾淨且清爽，顏色爲琥珀色。粉紅酒則帶來新鮮的氣息，散發紅葡萄的香氣，口感順口、新鮮且香味持久。紅酒帶有新鮮且強烈香氣。自 1999 年開始，這個區域也生產優質氣泡酒，帶有新鮮、芬香且低酒精濃度。同時，他們也生產具有強烈香氣的白蘭地烈酒。

雖然擁有美麗風景及宜人氣候是此地的特色，但是缺少充分日照時間，導致最後生產的葡萄酒沒有辦法達到高度酒精濃度，也因此每次的酒精濃度約介於 9-11 度之間。

最好的葡萄酒是搭配不同的葡萄牙美食，尤其是魚類料理。雖然名爲餐間酒，但最佳飲用時間是吃完正餐之後，在甜點之前，因爲餐間酒能幫助消化，且對腸胃沒負擔，酒精濃度不高。在夏天則建議冰凉飲用，搭配開胃菜。

BODEGAS
酒莊

綠酒葡萄酒產區

生產綠酒法定區域的產區中，我們挑選了
幾家酒莊：勞羅莎酒莊、聖克莉絲汀納酒
莊、陽光酒莊來介紹。

Quinta de Lourosa

01 ——

由百年禮拜堂遺跡改建而成
勞羅莎酒莊

勞羅莎酒莊位在波爾圖四十公里的位置,提供各種多樣活動,一年四季都適合參觀,適合家族旅遊、情侶多天旅行或者退休人員活動。

酒莊同時也提供導覽服務,在酒莊內的試酒或者傳統烹飪課程、創意料理、手工藝品等等,都跟當地的歷史文化相呼應。

在這間酒莊周圍可以發現古羅馬時期的豐富遺跡、古老鐵道等美麗風景,全部都在綠色葡萄酒路線上的中心位置。酒莊強調葡萄酒觀光,周圍都是美麗的田野風光,可以找個安靜的地方欣賞日出日落,晚上也可以看到美麗星空。

整座酒莊是由十七世紀的禮拜堂與十八世紀的房舍改建組合而成。內部有六個套房及一個單層公寓，適合一年四季入住。同時也有游泳池，與葡萄園比鄰，更能輕鬆的與大自然親近。

最受歡迎的活動

葡萄酒與葡萄園導覽：包括半日導覽參觀葡萄園與酒莊，最後品酒做為結尾。

美食知性之旅一：半日導覽參觀聖佩德羅·德費蕾拉教堂（San Pedro de Ferreira），品嚐美酒，享用當地點心，並參觀葡萄牙小鎮佩納菲耶爾（Penafiel）歷史館。

美食知性之旅二：整日導覽參觀聖瑪莉亞修道院（Santa María de Pombeiro），以及歷史之家（casa histórica de Pão-de-Ló de Margaride）就是瑪莉亞·克拉拉女士當初創立瑪加里海綿蛋糕（Pão-de-Ló de Margaride）的房子，頗富歷史意義。

　　這種蛋糕結果大受歡迎，後來也深受葡萄牙皇室的喜愛，現在則是來訪葡萄牙必嚐的點心。

Info

Lourosa, 4620-722 Sousela ｜ Tfno. +351 255 815 312 ｜ Móvil. +351 963 213 655 ｜
info@quintadelourosa.com ｜ www.quintadelourosa.com

座落在田野風光中心的百年酒莊，除了硬體設備更加進許
多軟性體驗，透過葡萄園導覽、美食知性之旅，引領遊客
在獨特的綠酒葡萄酒產區中優游品嚐。

Alvarinho

勞羅莎・阿爾巴利諾葡萄酒

顏色為柑橘黃，濃郁香氣並帶有柑橘果
香，混合金屬風味並包裹著焦香。非常適
合搭配鮮魚料理、海鮮、海鮮燉飯、白
肉、鱈魚料理及日本或印度料理。

口感 |

多層次且細膩，具有些微酸度，口感均
衡，尾韻綿長且酒體濃厚。

Quinta de
Lourosa Vinho Verde
勞羅莎田園綠酒

顏色為柑橘黃，帶有柑橘果香及花香，新鮮且帶水果味。適合各種魚類、海鮮、白肉料理。

口感 |
口感清新，酸度乾淨，尾韻舒服。

Rosé
勞羅莎粉紅葡萄酒

紅色果香並帶有天竺葵花香。在口鼻之間的感受一致，酸度達到平衡，非常適合當作開胃酒或者搭配日本壽司。

口感 |
口感清新、柔軟且年輕。品嚐後味道甜美、穩定且持久。

02 ——

山脈環繞的自然培育場
聖克莉絲汀納酒莊

　　聖克莉絲汀納酒莊擁有悠久的歷史和世代傳承，卻直到 2004 年才開始生產瓶裝葡萄酒。

　　周圍環繞著法菲山脈、瑪朗山脈、奧望山脈及卡普雷拉山脈，並在塔梅加河河流右岸，介於葡萄園及樹木繁茂的地區，以五十公頃的土地與大自然營造出寧靜和諧的氛圍。

　　葡萄園位在海拔高度 300-400 公尺處，有不同品種的葡萄，分別有：阿爾巴利諾、塔佳迪拉、費爾諾皮斯（Fernão Pires）、白蘇維翁（Sauvignon Blanc）、阿莎爾、艾斯帕德羅、帕德羅（巴斯圖地區產的帕德羅品種）、愛玲朵、羅蕾拉、阿維蘇、巴托卡，這些是巴斯圖地區獨有的品種。每款葡萄酒製作過程都是由當地知名釀酒師監督完成。

QUINTA DE SANTA CRISTINA

　　酒莊於 2014 年完成，可以容納一百萬公升的葡萄酒容量。實際上酒莊目前已經生產近五十萬公升的葡萄酒，包括白葡萄氣泡酒、紅酒還有粉紅酒，在國內外均獲得許多獎項。

　　參觀聖克莉絲汀納酒莊將會得到真實獨特的體驗，可以親身接觸葡萄酒的世界、有大自然、古蹟、文化、地方特色烹飪。同時也有禮品店，可以買到酒莊自產自銷的葡萄酒。

　　當然，酒莊也提供許多不同活動讓旅客參加。首先，可以參加葡萄園及釀酒廠的導覽，以及品嚐地方性的葡萄酒。也可以前往葡萄園體驗種植葡萄的樂趣、野餐、溯溪，體驗在山谷間滑行（用超過 1500 公尺的繩子滑行）、參觀野生動物、騎馬、參加高爾夫球課程及參觀十一世紀的城堡。

Info

Rua de Santa Cristina, 80 – Veade | 4890-573 CELORICO DE BASTO |
Tfno. +34 983 868 116 | www.garantiadasquintas.com

寧靜和諧的莊園氛圍也展現在酒品中,使用不同海拔、品種的葡萄釀造,將不同的風味收納進高雅細緻的酒瓶中,對每一位開瓶享用的旅客,都是一種極致的享受。

Alvarinho
聖克莉絲汀納阿爾巴利諾白酒

由品種阿爾巴利諾中挑選最好的葡萄釀造而成,葡萄酒發酵時透過溫度控管,適合搭配開胃菜、肉類料理,以及所有魚類和海鮮料理。

口感|
呈現濃郁口感、豐富的水果香氣及持久尾韻。

Reserva

聖克莉絲汀納珍藏白葡萄酒

這款由聖克莉絲汀納酒莊釀造的葡萄酒，使用不同海拔地區的葡萄、藉由用心照顧、時間控管、並使用高品質葡萄挑選釀造。聞起來的味道乾淨、濃郁且熱帶水果熟成的果香還帶有乾果味道。適合搭配肉類及魚肉料理。

口感｜
口感輕盈、平衡豐富，尾韻則柔軟且持久。

Santa Cristina Branco

聖克莉絲汀納混釀白酒

這款白葡萄酒從挑選法定產區的綠酒葡萄開始：由愛玲朵、阿爾莎、羅蕾拉以及塔佳迪拉，四種葡萄品種混合釀造。

口感｜
這是一款甘甜、新鮮且富有果香的葡萄酒，適合搭配開胃菜、魚類及白肉料理。

QUINTA DE SOALHEIRO

03 ——

嘆為觀止的壯麗山景
陽光酒莊

　　陽光酒莊承諾使用有機農法搭配當地風土條件，加上葡萄酒觀光，促進當地區域的發展。

　　酒莊可以溯源到 1974 年，酒莊主人決定開始種植第一株葡萄藤，品種為阿爾巴利諾，1982 年以梅爾加蘇出產的阿爾巴利諾葡萄種的品牌誕生，開啓了領導者的地位，並率先在此種紅酒分類上，取得國際地位。

　　由於位在梅爾加蘇（Melgaço）（葡萄牙最北邊），被重重山脈保護著，於是這個酒莊完美了結合美麗風景，同時提供必要的條件讓阿爾巴利諾品種的葡萄得以完美成熟。

　　陽光酒莊的樓上設有品酒室，同時設有全景陽臺，可以欣賞整個葡萄園、山谷周圍的山脈以及鄰國西班牙，旅客不妨來感受米尼奧河的徐徐微風。

　　酒莊有先進的技術與設備，設有寬闊的空間，能完美生產優質葡萄酒，近年來也開始著重葡萄酒旅遊。在品酒室能嘗到因為不同的阿爾巴利諾品種帶來的氣泡感。

　　在生產葡萄酒方面，陽光酒莊在國際上的評價非常成功，產品出口到全世界二十七個國家，不僅在葡萄牙市場廣受好評，國際上也擁有相當高的知名度。

　　這個壯麗的酒莊連結了阿爾巴利諾綠酒古道（Vinho Verde Alvariño），參觀者可以享受私人米尼奧河河谷景觀及環繞的山脈，還可以參加導覽，來了解葡萄園歷史及鄰近的酒窖。

Info

Alvaredo . Melgaço ｜ 4960-010 Alvaredo ｜ Tfno. +351 251 416 769
Fax. +351 251 416 771 ｜ quinta@soalheiro.com ｜ www.soalheiro.com

國際上擁有高知名度的陽光酒莊，透過手工採摘阿爾巴利諾品種的限量葡萄，釀造成一款款稀有且獨特的酒飲。帶著柑橘黃透亮的酒體在杯中搖晃，香味高雅且完整。

Alvarinho
Soalheiro 2017

陽光酒莊 · 阿爾巴利諾葡萄酒 2017

經由手工挑選阿爾巴利諾葡萄，產量稀少且獨特。顏色呈現柑橘黃色。適合當作餐前酒，或者搭配海鮮、魚類料理，及鴨禽肉類料理。

口感 |
味道濃郁且帶有熱帶礦物質味道，是一款濃郁、高雅且酒精濃度高，完美融合果香及果酸。

Alvarinho Soalheiro Primeiras Vinhas 2017

陽光酒莊 · 限量葡萄酒 2017

手工採取阿爾巴利諾葡萄且限量生產。顏色呈現柑橘黃，香味高雅完整，且在高腳杯中能讓香味更加豐富。適合當作開胃酒，或者搭配海鮮、魚類料理，及鴨禽肉類料理。

口感 |
味道一致和諧、新鮮且多層次。

Alvarinho Soalheiro Reserva 2016

陽光酒莊 · 阿爾巴利諾珍藏葡萄酒 2016

手工採取阿爾巴利諾的葡萄且限量生產。顏色是濃郁黃色，香味高雅且持久並帶有橡木桶香，維持住阿爾巴利諾葡萄的新鮮與水果香氣。適合當作開胃酒，或者搭配海鮮、魚類料理，及鴨禽肉類料理。

口感 |
口感一致且多層次。

觀光景點　綠酒原產地地區的

LUGARES DE
INTERÉS EN
LA D. O. VINHO
VERDE

米尼奧地區有著令人嘆為觀止的美景，尤其是生產綠酒的旅行路線，探訪這些路徑發掘當地古老葡萄酒文化的起源和風味吧！

本區域的起源為布拉加（Braga），是座古老的美麗城市，位於本區域中心，交通發達便利。城市裡遍佈許多著名的釀酒廠。布拉加距離波爾圖僅1小時車程，距離馬德里約5小時車程，地理位置優越，許多歐洲人時常慕名而來。

我們將帶領讀者從南到北穿越此區，以波爾圖為出發點（波爾圖雖然不在綠酒產區內，但在另一章節有介紹，它與里斯本，馬德里和歐洲其他地區有著最佳聯繫）。

跟隨建議的路徑，沿途你會發現豐富的城市文化遺產，被薄霧覆蓋的美麗村莊，無論是海上或內陸，充滿歷史情懷的古老建築遍佈各地，翠綠的山景與連綿的山谷點綴其中，清澈的河流與悠長海岸線是夏日遊客避暑勝地。地形緣故，葡萄牙內地大大小小的山脈也是其特色之一。

布拉加（Braga）和吉瑪良斯（Guimarães）是千萬不能錯過的兩大城市；阿馬蘭特古城（Amarante）、維亞納堡（Viana do Castelo）、彭德蒂利馬（Ponte de Lima）、梅爾加蘇（Melgaço）和艾斯波森德（Esposende）等也相當有趣！

阿馬蘭特古城（Amarante）

　　阿馬蘭特是一個葡萄園遍佈的寧靜小鎮，其中最知名的宏偉大教堂與修道院就矗立在聖貢薩洛橋（Puente de Sao Gonçalo）與塔梅加河（rio Tâmega）周圍。

聖貢薩洛教堂與修道院 · Convento e iglesia de San Gonçalo

　　這座修道院建立於 1540 年，為當時新教式的建築，其內部裝飾修築於十七和十八世紀期間。

　　聖貢薩洛於 1259 年去世，其墓位於教堂左側的一座小廳堂內，民間相信，這位聖人能庇佑人們婚姻與生育，因此許多信徒會千里跋涉來到這裡，擁抱聖人的雕像藉以求得祝福。

教堂裡有一部分建築物為阿馬德奧·德索薩一卡多佐博物館（Museo Amadeo de Souza-Cardoso），館內主要展出當地藝術家的創作與藝術作品，特別是 Amadeo de Souza，葡萄牙當代最偉大的繪畫大師代表之一。

古城裡還有其他令人印象深刻的宗教建築，例如聖多明哥教堂，內部為神聖藝術博物館（Museo de Arte Sacro）收藏十六～十九世紀的藝術作品。還有莊嚴又富麗堂皇的古宅，如佩德里拉古宅（Casa da Pedreira，現已改為民宿）和十三世紀的修道院遺址賽爾卡古宅（Casa da Cerca），古樸的木製陽台總是佈滿鮮花。

古城除了提供優質葡萄酒外，還生產美味精緻的乳酪、煙燻肉製品和雞蛋餡餅也是造訪小鎮不可錯過的美食。

吉瑪良斯（Guimarães）

吉瑪良斯小鎮是葡萄牙發源的古老城市。從藝術的角度來看，其重要性讓它在 2001 年被列入聯合國教科文組織世界文化遺產，2012 年獲選為歐洲文化之都。

要探索這座古城，可以從城市北端最高的吉瑪良斯堡作為起點，城堡歷史可以追溯到西元十世紀。遊客可以免費參觀。

　　從城堡塔樓往外看，可以眺望整座城市。往下的聖米格爾教堂堡為葡萄牙第一位國王阿馮索‧恩里克斯受洗的地方；而布拉甘薩公爵的宮殿始建於十五世紀，是葡萄牙最具代表性的古蹟之一，在法國的影響下，它最特別的元素之一是它擁有的 39 個磚造煙囪。

　　離開城堡往山丘下移動，遊客將會穿過舊城區，探索城市中其他迷人的景點，該小鎮最有名的街道為魯阿聖瑪麗亞，狹窄的鵝卵石步道為全鎮最忙碌的一條街道，周圍被當地相當重要的古蹟所圍繞。例如，聖克拉拉舊修道院（convento de Santa Clara），一座質樸優雅的修道院，目前是該城市議會的所在地。另外，還有美麗的教堂群為聖佩德羅教堂（San Pedro）、奧利維亞聖女教堂（Nuestra Señora de Oliveira）和聖高德教堂（San Gualter）。

　　遊客可以從舊城區搭乘纜車前往郊區的佩尼亞山，位於山區的佩尼亞公園佔地五十公頃，綠意盎然舒適清幽，建立於十七世紀的佩尼亞禮拜堂饒富古意也是必訪的景點。

布拉加（Braga）

　　從歷史與藝術的價值來看，布拉加是來訪葡萄牙必遊的景點。

　　建議旅客可以從大教堂（Sé-Catedral）開始，這是葡萄牙最重要的羅馬式建築之一，還可以進入教堂附屬的修道院及古物博物館。大教堂附近的主教宮（Palacio Episcopal），是布拉加大主教的居所，宮殿周圍環繞著美麗的花園，呈現出祥和寧靜的美感。

　　布拉加是葡萄牙擁有最多教堂的城市之一，我們還推薦群眾修道院教堂（Dos Congregados）、聖克魯斯教堂和聖母升天塔樓教堂（Nossa Senhora da Torre）。

　　布拉加最美麗的角落為新拱門（Arco da Porta Nova）的周邊廣場。這座古典的拱門保存了中世紀的城市風貌，彷彿時間靜止，景致從未流動過。

　　布拉加擁有許多美麗的咖啡館，如歷史悠久的巴西人咖啡館 (A Brasileira)，自 1907 年開業以來，訪客絡繹不絕，在這裡享用一杯美味咖啡吧，讓古典的氛圍帶你回味葡萄牙的美麗與哀愁。

　　最後，不要忘記參觀距離布拉加五公里的聖殿（Santuario del Bom Jesús do Monte），它是葡萄牙最著名的巴洛克式古蹟之一，其入口樓梯以罕見的鋸齒形建造。

巴塞羅斯（Barcelos）

巴塞羅斯著名的公雞是葡萄牙的標誌之一，也是世界有名的「公雞小鎮」。相傳數百年前，有一個來自加利西亞的朝聖者被指控偷竊並判處絞刑，蒙受冤屈的朝聖者不認罪，聲稱桌上的烤雞會復活並幫他證明清白！

法官覺得荒謬不予理會仍判處絞刑，行刑當天烤雞突然出現在刑場並且於眾目睽睽下復活，眾人目瞪口呆，法官終於意識到朝聖者的冤屈，於是釋放了朝聖者，從此復活的公雞成了葡萄牙的象徵，也代表正義與公理。葡萄牙各地都可以發現它的蹤跡。

巴塞羅斯也是個唯美漂亮的小鎮，保存了大量古建築。第一區在河邊，步行過橋後可以看見當地的區教堂（iglesia parroquial），為古典的羅馬式建築。繼續前行則會看到一幢富麗堂皇的古老大宅，這是巴塞羅斯伯爵宮殿（palacio de los condes-duques de Barcelos）。

另一個區域位於菲拉廣場大道(Campo da Feira)附近，是現在的遊客服務中心以及展覽中心，塔樓邊是玫瑰經聖母教堂（Iglesia de Nuestra Señora do Terço），繼續是科魯茲教堂（Iglesia das Cruzes），都是相當具有歷史價值的珍貴遺跡！

值得一提的是，巴塞羅斯也是葡萄牙生產陶瓷的重鎮，優雅經典的瓷器吸引了眾多旅客，鎮上有許多商店販售，來訪時可不要錯過了。

維亞納堡（Viana do Castelo）

　　葡萄牙北部相當重要的城市，同時也是最美麗的城市之一，與波爾圖和西班牙加利西亞地區的聯繫非常緊密。

聖露西亞山 · Monte de Santa Luzia

　　以此為城市探險的起點，可以在此鳥瞰城市，欣賞周邊海域和利馬河口獨特壯闊的景緻，此處甚至曾被國家地理雜誌評選為世界第三最美麗的景色。

　　山頂上的耶穌聖心堂（Templo del Sagrado Corazón de Jesús），建於二十世紀初，由葡萄牙著名建築師文圖拉特拉（Miguel Ventura Terra）建造，遊客可以開車上山或是搭乘纜車進入。

　　市區的中心地帶同時也是市政廳所在地的共和廣場（Praça da República），周圍矗立著慈恩憐憫醫院（hospital da Misericórdia）和慈恩憐憫教堂（iglesia da Misericórdia），還有一座建立於十六世紀的美麗噴泉。

　雅緻的古建築佈滿市中心，形成優雅美麗的街廓，旅客可以任選一條小巷出發往外延伸，沿著小巷你會發現絕美的宮殿、教堂、修道院和大教堂建築近在眼前，儘管這些古代建築歷經幾個世紀的變化與改革，早已不如過去富麗堂皇，甚至透出些許哀傷淒美的氛圍，但這也是小鎮迷人的魅力所在吧！

　若還有時間，請務必參觀有趣的市政博物館，該博物館展出代表葡萄牙的經典瓷磚面板、印度葡萄牙家具、陶瓷器皿、羅馬錢幣和各式史前古物遺跡，還展出了該地區的傳統服裝系列，完整的保留了當地的發展歷史。

　總而言之，用散步的方式瀏覽維亞納堡是最合適的方式了，欣賞從古典建築到當代設計，不同時期風格迴異的建築群，肯定是一場難忘的旅程。

　維亞納堡的美食也是遠近馳名，最具代表性的則是鱈魚料理，葡萄牙翡翠湯（El caldo verde）也頗負盛名，至於甜點，品嚐維亞納堡的奶油杏仁糕點吧！為旅程劃下一個甜蜜的句點。

彭德蒂利馬（Ponte de Lima）

這是一個擁有美麗舊城區的迷人小村莊，寧靜的花園以及傳統咖啡館時常讓旅人流連忘返。

最知名的景點是位於利馬河上的中世紀古橋，被譽爲葡萄牙最美的中世紀橋，穿越古橋到對面街區。

回到深具歷史感的市政中心，坐落在河邊的賈梅士廣場（Plaza Largo de Camões）有一顆橄欖樹，旁邊的噴泉爲民眾約會的熱門地標。小鎮市中心的街區依然保留中世紀的鵝卵石步道，周圍盡是貼滿青花磁磚的小屋，例如源自十八世紀的古老建築奧羅拉聖母之家（Casa de Nossa Senhora da Aurora），更古老的建築則是建立於十五世紀的伯爵宮殿（La Alcaidaria），依然保留了美麗繁複的原始窗戶，處處充滿葡萄牙風味。

至於宗教遺產，可以從十五世紀的區教堂開始參觀，教堂還保留著稀有的洋蔥型門廊（estilo ojival）。十六世紀的慈恩憐憫教堂（Iglesia da Misericórdia）、十八世紀的聖法蘭西斯科教堂（iglesia da Ordem Terceira de São Francisco）都是值得參觀的景點。

當然，這裡也可以找到風味獨特的餐廳小酒館，從經典鱈魚料理和當地傳統美食應有盡有，推薦當地美食薩魯布魯飯（arroz de sarrabulho），利用紅酒與豬肉熬煮的米飯

料理），這是葡萄牙美食中最典型的菜餚之一，請務必嚐嚐。

彭德蒂利馬是相當古老且優美的小鎮，位於利馬河岸邊，至今仍保存著一座有著三十一個拱門的羅馬橋。

相傳在公元前 138 年，布魯圖 (Décimo Junio Bruto) 將軍率領一支羅馬軍隊準備征戰前方領土，卻在橋前裹足不前。

原來是居住在此地的凱爾特人 (Celta 古老的中歐民族)，欺騙這些軍人。他們說：「眼前這條河就是希臘神話裡的遺忘之河，凡是穿越這條河的人都會忘記過去。」士兵們不敢繼續往前。

布魯圖將軍聽聞，決定證明這故事是假的，於是率先帶士兵穿越河流抵達彼岸，一個個呼喚對岸士兵的名字，證明他們並沒有遺失記憶，然後繼續他的征戰旅途。

其他景點（Otros lugares de interés）

梅爾加索（Melgaço）

在這個葡萄酒產區周圍散佈許多典型的葡萄牙小鎮，例如位於北方，靠近西班牙邊境的小鎮，梅爾加索就是一座源於中世紀的古老村莊。

從村莊周圍的古城牆開始，此處前身是一座古老城堡，遺留下的宏偉塔樓是小鎮重要的歷史遺跡。

塔樓是開放參觀的，沿著階梯走上頂端欣賞壯麗的景色，市區是小巧迷人的舊城區，保留中古世紀的小鵝卵石街道，還有百年前遺留

下來的羅馬風格的大教堂，另外街道上有一間小型的石造宮殿（Solar do Alvarinho），是一個致力於促進與推廣葡萄牙綠酒的機構，他們通常很樂意為旅客推薦美味的佳釀，當然也包含了旅遊資訊的提供。

如果希望享受悠閒的自然時光，可以沿著波爾圖河畔散步，另外如果想要來場放鬆的旅行，舒適的水療中心也是很好的選項，本地的溫泉水質純淨以減輕胃病、糖尿病和呼吸系統疾病聞名，來訪時不妨體驗看看。

梅爾加索附近的郊區，有一個相當古老的菲昂伊斯修道院（Monasterio dc Fiães），是深受國家重視的歷史遺產，許多朝聖者慕名前來參觀。

梅爾加索附近有一個叫艾斯波森迪（Esposende）的港口小鎮，一個非常知名的海灘渡假勝地，位於大西洋，毗鄰卡瓦多河口。

小鎮裡還保留了一些古代的歷史遺跡，如十八世紀的聖胡安包蒂斯塔堡（fuerte de San Juan Bautista），同一世紀的市政廳，以及幾座巴洛克風格的宗教建築。

名揚全球的紅酒產區 ——

波爾圖

DENOMINACIÓN DE ORIGEN OPORTO

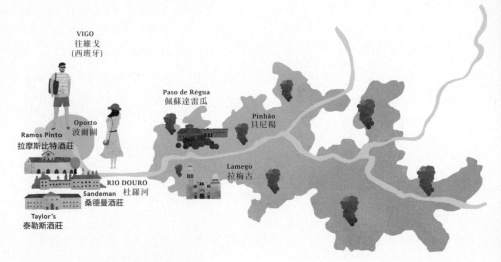

VIGO
往維戈
(西班牙)

Paso de Régua
佩蘇達雷瓜

Pinhão
貝尼楊

Oporto
波爾圖

Ramos Pinto
拉摩斯比特酒莊

Lamego
拉梅古

RIO DOURO
杜羅河

Sandeman
桑德曼酒莊

Taylor's
泰勒斯酒莊

O Amor

Eu não bebo ambrósia em taças cristalinas,
Bebo um vinho qualquer do Douro ou de Bucelas,
Nem vou interrogar as folhas das boninas,
Para saber o amor, o tal amor das Elas.

A Musa em Férias

Lisboa, 1879
Guerra Junqueiro

愛

我不飲用水晶碗中的瓊漿玉露
品嚐 Douro 與 Bucelas 葡萄酒
我甚至不打算探詢纏綣的葉子
去學習愛　源於它們的愛

渡假的繆思

里斯本，1879 年
格拉‧雍格洛

歷史背景

　　波爾圖葡萄酒，產自葡萄牙上杜羅葡萄酒產區（Alto Douro）紅酒產區的葡萄園。

　　幾個世紀以來，波爾圖地區生產的各式紅酒品質遠近馳名，同時也是葡萄牙紅酒的主要產區。我們今天所熟知的「波爾圖葡萄酒」（或稱波特酒）其實起源於十六至十七世紀，是在發酵過程中添加白蘭地，通過這種方式增添甜美風味，也能更穩定葡萄酒的品質，進而能承受長時間海上航行期間的溫度和濕度變化。

　　十八世紀英法戰爭期間，英格蘭發現葡萄牙美酒的驚人風味，便將葡萄牙紅酒輸出至英國，從此在杜羅河谷生產的葡萄酒開始在英國大受歡迎，這就是為什麼許多源自英國的酒廠定居在葡萄牙的原因，而且現今仍然存在並且良好運作。十八世紀，特別是在 1756 年，在龐巴侯爵政府的提議下，於波爾圖建立了「上杜羅葡萄酒產區葡萄酒皇家公司」以維持葡萄酒的品質。

　　同年，杜羅河谷地區的葡萄酒生產地，被確立爲世界上歷史第三悠久的葡萄酒保護產區。2001 年，聯合國教科文組織宣布將這個佔地二萬四千六百公頃的葡萄酒產區列爲世界遺產，以表彰其絕美的景色與傳統的釀酒文化。

　　杜羅河谷生產的葡萄酒，被視爲波爾圖的代表，在這兒聚集了許多古老的葡萄酒廠，從古至今也是傳統出口葡萄酒的地方。

地區氣候

　　上杜羅葡萄酒產區佔地二十五萬公頃，其中只有18.3％是葡萄園。雖然該地區基本上依賴葡萄園，但油和杏仁的生產也相當重要。

　　這裡崎嶇多山，交通難以進入，大多數最好的葡萄園種植在與杜羅河及其支流接壤的陡峭山坡上，如平昂河和托沃拉河。約三分之二的葡萄園面積都在坡度大於 30％ 的山坡上。

　　此外，杜羅地區是世界上唯一一個在溫暖氣候山區栽種葡萄的產區。瑪隆山脈將杜羅地區與溫帶的沿海地區隔開，保護它免受大西洋吹來的雨水影響，杜羅區域具有的特徵在於夏季乾熱，以及嚴冬氣候，環境適合生產優質的葡萄。

Tipos de uva

葡萄類型

波爾圖葡萄酒是由紅葡萄和白葡萄釀製而成，**紅葡萄品種有**：普雷塔‧馬爾維薩（Malvasía Preta）、茉莉索（Mourisco Tinto）、艾瑪洛卡奧（Cao 或紅獵狗）、蘿莉紅（此葡萄品種是葡萄牙當地名稱，在西班牙稱為 Tempranillo 田帕尼優）、多瑞加法蘭卡（Touriga Frencesa）和國產多瑞加 (Touriga Nacional)。

白葡萄品種則是：柯德加（Codega）、古維歐（Gouveiro）、菲納‧馬爾維薩（Malvasía Fina）、赫伊‧馬爾維薩（Malvasía Rei）和哈維加多（Ravigato）。

波爾圖葡萄酒主要的類型分別為：
◆白波特酒（Oporto Blanco）：以白葡萄釀造。
◆紅寶石波特酒（Oporto Ruby）：以年輕紅葡萄釀造，市面上最為普遍。
◆陳釀波特酒（Oporto Tawny）：以紅葡萄釀造，釀造時間久使其顏色呈現金黃色，富含堅果氣味
◆年份波特酒（Oporto Vintage）：由特殊年份的上乘葡萄進行釀製。
◆晚裝年份波特酒(L.B.V. Late Bottle Vintage)：原為意外延遲裝瓶而產生的酒款，色澤較年份波特淡。

葡萄必須在九月至十月間手工摘採完成。為防止擠壓結塊使葡萄過早發酵，採收後的葡萄會小心裝進可堆疊的小木盒裡運送，以確保更高標準的質量。抵達酒廠後，工作人員將葡萄的枝葉分離並壓碎，所得物質沉積在自動實驗室的不鏽鋼罐中，開始在嚴格的溫度控制下發酵。

釀造波特酒發酵過程與其他葡萄酒不同。過程中以 1：5 的比例添加中性的葡萄烈酒（一種中性白蘭地，具有天然無色的香氣，約 77° 酒精，由未陳年的葡萄酒蒸餾而成），以提早停止發酵，將殘餘糖份保留在酒中，並提高酒精含量。新釀的波特酒需靜置至少三年才能上市。

BODEGAS
酒莊

波爾圖產區

波爾圖為著名的葡萄酒產區，許多優秀的
酒莊也隱身在其中，我們精選了以下幾座
較為知名酒莊來介紹，分別是：拉摩斯比
特酒莊、桑德曼酒莊，以及泰勒斯酒莊。

RAMOS PINTO

01 ——

追求卓越品質
拉摩斯比特酒莊

　　拉摩斯比特酒莊成立於 1880 年，雖以大膽創新爲主要特色，但始終尊重傳統。由於對當地環境的了解，與對葡萄品種透徹的研究、開發與選擇，拉摩斯比特酒莊成爲杜羅產區優質波特酒的重要生產者之一。1990 年，拉摩斯比特酒莊成爲法國著名的香檳集團路易·侯德爾 (Louis Roderer) 家族的一員。

　　拉摩斯比特一直非常清楚杜羅地區產出的葡萄酒品質出眾，因而

在該地區精心挑選重要且適合種植的葡萄園，生產高質量葡萄酒，顯示出對卓越的渴望。這種致力於研究與開拓傳統的精神，影響了其數十年的品牌精神。

考慮到這一點，拉摩斯比特酒莊已經收購了位於杜羅地區的四座酒莊，其中包括：

◆ 伯雷迪洛酒莊 (Quinta do Bom Retiro)：位於皮尼揚小鎮 (Pinhao) 附近的科爾戈河上游區，屬於多爾多河水域，佔地一百一十公頃，有六十二公頃的區域種植葡萄藤，其平均年齡為四十歲，海拔一百一十至四百公尺。

◆ 歐迪加酒莊 (Quinta da Urtiga)：位於皮尼揚小鎮附近的科爾戈河上游區，總面積為四公頃，有 3/4 的區域用來種植葡萄藤，平均年齡為八十歲。海拔高度在二百九十到三百二十四公尺之間。

◆ 伯艾雷斯酒莊 (Quinta dos Bons Ares)：位於杜沙小鎮 (Touça) 的上杜羅河區，海拔六百米，總面積約五十公頃。

◆ 維莫拉酒莊 (Quinta de Ervamoira)：位於上杜羅河區的北部地區，靠近福斯科新城 (Vila Nova de Foz Coa)。這個區域共有二百公頃，擁有一百五十公頃的葡萄藤，平均年齡為三十歲。使用獨一無二的垂直種植方式，海拔高度在一百一十至三百六十公尺之間。

　　這四個葡萄園區總面積為三百六十公頃，伯雷迪洛酒莊和歐迪加酒莊生產出的葡萄品種相近，但有些許細微的差別。伯艾雷斯酒莊，以其高海拔的條件，提供新鮮富有生氣的葡萄品種。維莫拉酒莊則是賦予了葡萄極端的複雜性。

　　拉摩斯比特酒莊生產一些波爾圖最負盛名的年份波特酒，以及傳統的晚裝年份波特酒，其他例如：伯雷迪洛酒莊 20 年（Quinta do Bom Retiro）、維莫拉酒莊 10 年（Quinta de Ervamoira）、阿德里諾珍藏波特酒（Adriano Reserva）、阿德里諾鑑賞家波特酒（Adriano Reserva Blanco）、雙酒莊紅葡萄酒（Vinos de Duas Quintas 產白維莫拉酒莊），與伯艾雷斯酒莊出產的紅酒（Bons Ares）等等，所有這些葡萄酒都可以在世界上最好的餐廳和葡萄酒商店找到。

　　此外，拉摩斯比特酒莊還在波爾圖設有大型葡萄酒廠，特別是在加亞新城（Vila Nova de Gaia），向遊客開放，並提供一些最好的葡萄酒任遊客品嚐。當然也可以參觀有趣的拉摩斯比特酒莊葡萄酒博物館（Museo-Casa Ramos Pinto），它展示了一系列與葡萄酒行業相關的古老歷史文物。

Info

Av. Ramos Pinto, 380 ｜ 4400-266 V.N. de Gaia ｜ Tfno. + 351 223 707 000 ｜ Fax. + 351 223 775 099 ｜ ramospinto@ramospinto.pt ｜ www.ramospinto.pt

在世界數一數二的葡萄酒原產區，拉摩斯比酒莊秉持對葡萄酒品質的卓越追求，向世人展現出高質量的釀造工法：波爾圖最負盛名的年份波特酒、晚莊年份波特酒等，都是酒莊的代表作。

Duas Quintas Reserve
雙酒莊珍藏紅葡萄酒

有著美麗的顏色，如寶石般深沉暗紅，光澤為明亮的石榴色。適合紅肉、燒烤類料理，以及山羊乳酪。

口感 |
前味能感受到紅色漿果和花香的味道，然後是可可和香料的味道，口感強勁，酒體和諧，質地細膩，餘韻芳香持久。

Ramos Pinto Porto 20 Years

拉摩斯 20 年陳年波特酒

顏色深邃，帶有淡黃色光環，目測可知成熟度較高，擁有濃郁的香氣，天鵝絨般細緻的質地，散發水果氣味如：葡萄柚、杏仁、榛子和可可豆。

適合當美味的開胃酒或餐後酒，搭配巧克力、乳酪或奶油甜點是很棒的選擇。同時它也非常適合堅果、核桃製作的點心一起享用。

口感 |

入口可品嚐到強烈香草和肉桂的香氣，最後以焦糖與咖啡的餘韻作為結尾。口感柔軟乾爽，具有強烈而持久的味道，餘韻強烈而愉悅。

Porto Vintage 2011

拉摩斯年份波特酒，2011 年

酒體呈現深紫色，香氣清新，果香濃郁，帶有覆盆子和成熟李子的香氣。

特別適合搭配各種乳酪或當作餐後酒品嚐，它也是優質雪茄的理想伴侶，開瓶後醒酒兩小時最能體現這支酒的最佳風味，侍酒時應該微微傾倒。

口感 |

品嚐起來帶有一點樹脂和薄荷的風味。口感柔軟但酒體飽滿，帶有清新的薄荷和黑巧克力的味道。

鮮明的品牌標誌
桑德曼酒莊

　　桑德曼酒莊於 1790 年由喬治・桑德曼（George Sandeman）創立，他是一位雄心勃勃的年輕蘇格蘭人，同時在倫敦也擁有葡萄酒產業。1811 年，該公司的創始人在加亞新城收購當地的葡萄酒廠，如今該公司珍藏的陳年葡萄酒已經超過兩千多桶。

　　這家酒廠為波爾圖第一批擁有自己品牌的老牌酒廠，並且於十九世紀初將葡萄酒出口到歐洲各國、北美、南美以及亞洲。

　　1928 年，蘇格蘭藝術家喬治・布朗（George Massiot Brown）為品牌創造一個神秘的角色「唐」（The Don），一位打扮成西班牙赫

SANDEMAN

雷斯的騎士，披著招牌的葡萄牙大披風，並戴著長長的禮帽，這個鮮明的形象立刻引起話題，成為酒廠的標誌與廣告的招牌。

在這幾個世紀中，桑德曼一直維持著高標準的葡萄酒品質，不斷創新釀酒技術，延續代代相傳的深厚葡萄酒知識。

自 2002 年以來，桑德曼成為葡萄牙經典紅酒集團—蘇家比家族葡萄酒集團（Sogrape Vinhos）的一份子，目前他們生產的葡萄酒由全世界超過 75 個市場銷售，並且成為美國、比利時、義大利、瑞士、奧地利、愛爾蘭、德國和日本等幾個國家葡萄酒市場的領導者。

桑德曼酒莊位於加亞新城，距離杜羅河僅有兩步之遙，座落在美麗的波爾圖歷史中心對面。在這裡參觀酒莊導覽，將讓旅客得到前所未有的獨特體驗。解說員引領參觀者慢慢穿越酒窖，被陳年的木桶圍

繞，空氣裡瀰漫著潮濕與和寂靜的氛圍，參觀結束後還可以品嚐酒莊自產的美味葡萄酒。

近期，酒莊一樓的桑德曼之家（The House of Sandeman）新落成，這是世界上第一家酒莊類型的風格旅館。在那裡，遊客將被邀請到充滿神秘和感性的空間體驗，將有助於他們探索更多關於波特酒的神秘風味，以及這個享譽國際的波特酒品牌。

塞克梭酒莊（Quinta do Seixo）成立於 2007 年，也是桑德曼旗下的酒莊品牌，這是一家擁有最先進技術的釀酒廠，完美融入當地人文景觀，尊重傳統並且生產高品質的葡萄酒。

桑德曼近期致力推廣葡萄酒旅遊項目，提供創新的旅遊行程，包括參觀、品酒搭配美味的當地特色佳餚，幫助旅客更完整的了解波特酒文化。他們提供的旅遊路線包括步行探索葡萄園，參觀酒莊與其傳統的釀造過程，然後在美麗河景旁品嚐葡萄酒。

　　這是一個專門為旅客量身設計的行程，旨在展示桑德曼葡萄酒歷史和生產的完整過程。

　　該釀酒廠準備每年總收穫量約二百五十萬公斤的葡萄。

　　這家塞克梭酒莊是杜羅市中心最大、最具代表性的酒店之一，也是了解整個環境的絕佳場所。在雷瓜鎮（Régua）和皮尼揚鎮之間，處於河流南部的優越位置，本區域自十七世紀以來就有葡萄酒生產的文獻紀錄。

　　酒莊佔地約七十一公頃，擁有百年歷史的葡萄園，通過一代又一代的辛勤工作見證杜羅區域的景觀，因此這裡擁有桑德曼旗下最優良品質的葡萄酒。

Info
SANDEMAN
Largo Miguel Bombarda 3 | 4430-175 VILA NOVA DE GAIA, Portugal
Tfno. +351 22 783 8104 | sandeman.visitors@sandeman.com | www.sandeman.com
Quinta do Seixo
5120 - 495Tabuaço,VALENÇADODOURO | Tfno.+ 351-254 732 800 |
visitas.seixo@sandeman.com

即使是年輕的酒體也保有優雅香氣，桑德曼酒莊將葡萄酒
的色澤、香氣和口味發揮到淋漓盡致，飽滿濃郁的口感，
另品嚐過的人回味無窮。

Sandeman Porto Fine Ruby

桑德曼紅寶石波特酒

絢麗的紅寶石色，帶有紅色漿果、李子和
草莓的清新香氣。

口感 |

口感濃郁持久，一旦打開必須於四週內飲
用完畢，才能保有新鮮濃郁的香氣。通常
伴隨著乳酪，以及巧克力和水果蛋糕的甜
美風味。

Sandeman Porto Tawny 10 Years Old

桑德曼桶裝陳釀 十年波特酒

呈現濃烈的磚紅色，是這種風格的葡萄酒的典型特徵，即使是年輕的葡萄酒，也保有優雅和複雜的香氣，結合成熟的水果、果醬和堅果的風味。這是一款典型的餐前酒（或開胃酒），適合搭配氣味強烈的藍乳酪，同時也適台搭配甜點，如奶油、布丁、冰淇淋佐無花果、堅果和葡萄乾。

口感｜
口感濃郁酒體飽滿平衡、回味持久，一旦打開，必須於三個月內飲用。

Sandeman Porto Vintage Quinta Do Seixo 2015

桑德曼塞克梭年份波特酒 2015

外觀呈現強烈的紅色，色澤濃厚接近不透明，可以聞到樹脂、雪松、菸草和青草的味道。此外，也伴隨著黑胡椒、丁香、生薑與些許巧克力的香氣，是一款相當成熟的葡萄酒，與乳酪搭配是完美的結合。

口感｜
口感極佳，單寧強大而結實，餘味持久。打開葡萄酒後，必須緩緩傾倒才能散發最佳的香味，開瓶後，務必於三天內品嚐才能保有其風味。

TAYLOR'S

03 ——
波爾圖的象徵代表
泰勒斯酒莊

　　泰勒斯酒莊成立於 1692 年，是波爾圖最古老的葡萄酒生產商之一，也是當地最具象徵意義的葡萄酒莊園。

　　泰勒斯酒莊生產的陳年橡木桶葡萄酒，被公認為市面上最優質的葡萄酒之一，酒窖裡珍藏大量陳年葡萄酒，陳年的金黃色波特酒是酒莊的珍寶，也是同類型葡萄酒中的翹楚。泰勒斯酒莊是晚裝年份波特酒（Late Bottled Vintage，LBV）的原創者，這是一種來自波爾圖的特色風味葡萄酒，泰勒斯酒莊是主要生產的酒莊。

　　酒莊總部設立在波爾圖和杜羅河谷，泰勒斯酒莊相當注重釀造葡萄酒的過程，從種植葡萄到混合物的發酵釀造、老化、加工和裝瓶，都必須經過嚴密的品質控管。除了以最高標準的流程釀造最優質的葡萄酒，對環境友善，試圖保護當地天然資源也是一貫的品牌精神。他們深知唯有維護葡萄園和杜羅河谷的環境和生態平衡，與自然共生共存才是延續

葡萄酒產業的經營之道，泰勒斯酒莊生產的葡萄酒已有幾百年的歷史，至今仍歷久不衰。

泰勒斯酒莊在加亞新城的著名葡萄酒廠，為旅客提供全方位的服務，包括品嚐各種在地生產的葡萄酒，如：乾型葡萄酒（Chip Dry），特級絕乾葡萄酒（Extra Dry White）和晚裝年份波特酒（隨行的小朋友就喝葡萄汁和餅乾吧！）。也提供私人導覽葡萄酒廠，並根據遊客的喜好講解波爾圖葡萄酒的發展脈絡。

一般遊客可以聆聽酒莊提供的視聽導覽（有五種語言：葡、西、英、法、德），透過電影、紀錄片、展覽、舊照片和繪畫，回顧一系列本區域的發展歷史，藉此了解波特酒的文化，而更珍惜這得來不易的瓊漿玉液，也更能體會波特酒卓越的品質。

旅客可以在酒莊內的葡萄酒商店找到許多泰勒斯波特酒（Port Taylor）的葡萄酒，包括優雅的禮盒，或獨具特色的陳釀波爾圖年份酒（Vintage Oporto），酒莊內附設的餐廳「Barão de Fladgate」，提供精緻美味的餐點佳餚，在經歷葡萄酒文化洗禮後不妨來坐坐。

瓦格勒絲酒莊（Quinta de Vargellas），為泰勒斯酒莊集團旗下的酒莊品牌，這家酒莊式飯店位於杜羅河谷最東端的崎嶇山區裡，享有優越

的地理位置，生產的葡萄酒自 1820 年起被世界公認爲最佳波特酒之一，如今在世界上享譽盛名。

在瓦格勒絲酒莊所生產的各式優雅葡萄酒中，最能體現當地風土環境特色的酒項爲：波爾圖瓦格勒絲酒莊‧老葡萄藤年份酒（Oporto Vintage Quinta de Vargellas Vinha Velha），這是一種非常少量生產的葡萄酒，採用的葡萄來自最古老的葡萄藤。

瓦格勒絲酒莊位於一個大型圓形露天劇場式的葡萄園上，面朝北，佇立於杜羅河上方，中心爲酒莊主體、設有藏酒地窖和專屬火車站。在往西的陡峭山坡上，可以遇見酒莊最古老的露台和石牆，其中一個古老的露台，是所謂的「古老葡萄園」（舊葡萄園）的一部分，狹小富饒古意的道路可以通往品酒中心。

在杜羅河下游還有一大片半圓形的葡萄園，葡萄的種植方向沿著山坡走勢縱向伸展。這兩片葡萄園被一處高地隔開，高地上還矗立著一座塔狀的紀念碑，被當地人稱作「紅寶石塔」，是爲了紀念公司總裁艾利思特‧羅賓森（Alistair Robertson）和他妻子結婚四十週年（紅寶石婚）而修建。

Info

Rua do Choupelo nº 250 | 4400-088 Vila Nova de Gaia, Portugal | Tfno. +351 223 772 956 / +351 223 772 950 | Fax. +351 223 742 899 | www.taylor.pt

身爲晚裝年份波特酒的翹楚，泰勒斯酒莊被公認爲市場上
最優質的葡萄酒之一。歷經百年釀酒歷史，至今依舊屹立
不搖，其出產的酒品以選用最優質波爾圖紅葡萄製成的絕
美佳釀爲特色，一如既往地抓住愛酒人的心。

Chip Dry
泰勒斯乾型波特酒

選取當地白葡萄品種釀造，並在橡木桶中
陳釀數年。開瓶後建議即時飲用，搭配醃
製的橄欖或烤杏仁都是完美的選擇。乾型
白波特酒 (Porto Blanco Dry Chip) 由於產
量稀少，更顯無比珍貴，每瓶都有其限量
編號吸引許多酒友珍藏。

口感 |
可嚐到濃郁果香和樸實的堅果味，是一款
高雅而精緻的開胃酒。

Vintage
泰勒斯年份波特酒

它是酒莊裡最受歡迎的葡萄酒之一，只選用豐收年份最好的波爾圖紅葡萄品種製成，具有豐富飽滿的酒體和傑出的品質。與 LBV 葡萄酒的差別在於其陳釀的時間較短，Vintage 葡萄酒在橡木桶中保存約 20 個月，由於只在桶中陳釀了很短時間，因此保留了深紅寶石的色澤和新鮮水果的風味。

口感 |

新鮮水果的風味。特別好的年份波特酒，可以在裝瓶後數十年內持續增長其口感的複雜性，使味道更加豐富。

Late Bottled Vintage (LBV)
泰勒斯晚裝年份波特酒

是最商業化的葡萄酒之一，選用豐收年份最好的波爾圖紅葡萄品種製成，具有豐富飽滿的酒體和傑出的品質。與年份波特酒的主要區別在於陳釀時間更長，陳釀時間為 3 至 6 年，同樣採用橡木桶陳年，保有第一層水果風味的同時，因為桶陳的時間拉長，所以風味上會更加複雜。

裝瓶後即可飲用，開瓶後不需即時飲用，因為即使開瓶後它仍能保持新鮮風味長達數週。

口感 |

風味上會更加複雜，混合了新鮮水果與氧化的風味，同時口感以及單寧更佳圓潤。

波爾圖葡萄酒產區觀光景點

要更認識波特酒，必須要從上杜羅區域開始。其中主要景點之一就是散落在此區的二百多家酒莊，有些甚至具有百年歷史。

九月初到十月中的採收時節，是來此地的最佳參觀時間，因為可以看到幾乎全部的過程。從葡萄園的手採過程、運送，以及抵達酒莊後到壓榨的緊湊作業。因為這幾年來氣溫上升，有時候葡萄採收季節會提早幾個禮拜開始。

許多酒莊提供試酒間，供遊客品嚐自家酒莊釀製的葡萄酒，有些還能看到美麗的山谷及杜羅河流的秀麗風光。春、冬時可以開車上當地的 N-222 國道，這條國道被認為是全世界最驚豔的國道，能沿途欣賞山谷及其壯觀的葡萄園。國道長度約二十七公里，從佩蘇達雷瓜 (Peso da Régua) 到皮尼揚，雖然蜿蜒難行，但是美麗的風景相當值得一遊。

在佩蘇達雷瓜可以參觀杜羅博物館，裡面有介紹此區的葡萄酒文化。距離佩蘇達雷瓜南方約十六公里，有一個小城市拉梅古 (Lamego)，在此可以參觀全葡萄牙最美麗的火車站，由三千多片葡萄牙瓷磚畫裝飾，藍瓷裡展現了葡萄酒製作流程和運送過程，同時也可以到杜羅河上享受一頓道地的葡式晚餐。

波爾圖（Oporto）

　　波爾圖可以藉由方便且大量的交通方式抵達，不論從里斯本，或是伊比利半島上的其他城市。更甚者，感謝機場及豐富的飛航路線，全世界各地都能輕易抵達此地。

　　波爾圖，毫無疑問是歐洲最美的城市之一。擁有許多宗教、文化古蹟、博物館。尤其是特殊的城市特色，藉由其街道、廣場及杜羅河周圍環境，展現出其獨特性。可以悠哉地閒逛，放鬆心情好好觀察許多不同時期的美麗建築物，遊客彷彿每一步都將踏入葡萄牙最美好的時光，是一個適合居住的城市。

　　波爾圖的美麗及吸引力讓它自 2001 年開始，獲選成為世界文化遺產城市。要體會波爾圖整體美麗的氛圍，最好的方式是讓自己在舊城區迷路！每一步都能發現驚喜。市中心能輕鬆步行旅遊，或者搭乘交通運輸工具到達任何一個角落。

　　您可以從同盟大道（Avenida de los Aliados）大街上開始，這是一

個充滿許多商店，且能觀察許多摩登大廈的街道。在這條街道上，有許多觀光巴士能送你到這個城市主要觀光景點。此外，觀光巴士裡也有提供不同語言講解服務。

此外，還能抵達自由廣場（Plaza de la Libertad），這座城市最有紀念意義的廣場。廣場中間是國王佩德羅四世，走到最底則會看到一棟巨大建築，是 1920 年建造的波爾圖市政廳。

我們首先推薦幾個讓人驚豔的宗教景點。

大教堂 · Sé do Porto

透過葡萄牙地面纜車到最後一站里貝拉碼頭（河濱區）（Cais da Ribeira），即可抵達。這是一個最讓人印象深刻的宗教建築物，交通方便，地理位置優越，周圍還有許多美麗的觀光景點。這個十二世紀的建築物，在十七到十八世紀經歷重大的修改，迴廊走廊也是遊客熱門拍照的重要景點。

聖法蘭西教堂 · Iglesia de San Francisco

原本附屬於一個修道院，但修道院由於 1832 年的火災而摧毀。在這座教堂可以看到哥德式時期風格，之後重建時，由於經歷了巴洛克時期，因此內部充滿細緻的金色木雕，讓人印象深刻。

格雷科教堂 · Iglesia dos Clérigos

十九世紀的巴洛克式風格建築，其建築設計為義大利著名建築師 Nicolau Nasoni，教堂塔樓是這個城市的市標之一，步行兩百五十多個台階即可抵達塔樓頂樓，從高處拍攝波爾圖的城市美景。

波爾圖的文化景點也相當重要，聖保羅車站（Estación de trenes São Bento）的車站大廳非常值得參觀，裡面有超過兩萬片藍瓷裝飾，圖案是描繪關於葡萄牙的歷史。萊羅書店（Librería Lello）是全世界

最美的書店之一，也是拍攝電影哈利波特的許多場景的地點。

　　柏豪市場（Mercado do Bolhão ）自1914年開始，就有許多攤販在這個紀念性地點販賣自家的農產品、蔬菜、起士、肉品等等，這個市場是最能體會葡萄牙城市的庶民文化場所之一。

聖塔卡塔琳娜街 · Rua Santa Catarina

　　如果想購物，聖塔卡塔琳娜街是很值得逗留閒晃的區域，在這有許多極具特色的選品小店，逛累了可以找間咖啡館歇歇。我們推薦Café Majestic，這是一間高雅的咖啡廳，從世紀初開始就保留下它原始的裝潢風味，在這條街上還能找到阿瑪斯教堂（Capilla de las Almas），這是一間裝飾許多白與藍的藍瓷教堂。

里貝拉區 · Ribeira

　　另外一個令人印象深刻的地方則是里貝拉區，從杜羅河一路延伸到里貝拉北邊，許多時尚的酒吧與餐廳都聚集在這區，同時也是這個城市最擁擠熱鬧的區域。在這坐在陽台品嚐葡萄牙當地料理，配上優質葡萄酒，肯定是件相當時髦的事！在這裡還能欣賞路易一世大橋（puente Don Luis I）壯麗的美，這座橋是在十九世紀，由艾菲爾的弟子操刀完成。

加亞新城 · Vila Nova de Gaia

　　跨過路易一世大橋，會抵達加亞新城，位於杜羅河左岸沿岸邊，座落著許多出產波特酒的酒莊。沿著河邊，可以瞧見到不同角度的美麗波爾圖城市，並且在岸邊欣賞過去運送波爾圖葡萄酒的駁船雷貝洛船（葡萄牙杜羅河邊特有的運貨船）。

　　這邊很多酒莊都提供導覽服務，有不同的語言服務，還能品嚐他們香甜的葡萄酒。狄亞哥萊特街（Avenida Diogo Leite）有許多酒莊，你也能找到許多不同攤位，可以購買杜羅河上的每日遊船之旅。這邊也有許多巴士能往返波爾圖城。

　　建議使用空中纜車，可以在短短六分鐘內連結加亞新城的高低處。低處位在加亞新城城牆，高處則是在莫歐花園（Jardim do Morro）。而莫歐花園的車站，也很靠近修道院（Monasterio de Serra do Pilar）。這趟旅程將讓您對波爾圖、杜羅河、大橋，以及波特酒的酒莊有全方位的了解。

　　最後，波爾圖這座城市是最適合享受美食的地方！城市裡有各式各樣高品質的餐廳（當然也不乏米其林餐廳），用經濟實惠的價格就能享受當地的美食。

　　如果想要更高級的料理饗宴，在河的另一岸，加亞新城有一間餐廳，是由著名葡萄牙星級主廚 Ricardo Costa 操刀的米其林餐廳 The Yeatman。

　　同時，波爾圖也能享受許多不同的甜點，在牧師塔（Torre de los Clérigos）附近有一家甜點店阿卡迪雅糕點店（Confeitaria Arcádia），這是一間富有歷史的葡萄牙巧克力店，使用傳統的製作程序，並採用天然食材來製作。

　　再往前走一點，在市中心主廣場有一家昆塔多帕尼奧牛奶甜品店（Leitaria da Quinta do Paço），每日製造不同口味生奶油的傳統葡萄牙夾心甜點（閃電泡芙），其中最有名的口味是經典巧克力、紅莓、焦糖以及百香果口味。最後我們一定要提到甜餡餅之家（Casa Das

Tortas，位在 Rua de Passos Manuel 181）這裡最適合品嚐葡萄牙最有名的手工甜點：葡式蛋塔（el pastel de nata）。除了傳統奶油口味外，還可以買到莓果口味及巧克力口味，這些手工蛋塔可是來訪波爾圖必嚐的甜點！

巨人和他的骰子

　　傳說在杜羅河畔的森林住著一位巨人，巨人總是穿著一身藍衣，手裡拿著幾個骰子，以此來消磨時間。一天晚上，巨人夢見一位穿著白色衣裳的老人拜訪他，希望他在杜羅河的入海口處修建幾座教堂，可是第一晚巨人沒聽清楚要修建幾教堂的數量以及位置。

　　隔天，老人再次出現在巨人夢裡，並告訴他，當他醒來的時候，會發現手中的骰子變多了，骰子上刻的數字也會變大，只要去到杜羅河入海口處的最高點，從那裡把骰子扔出去，骰子所到之處便會升起一座教堂，而骰子上所刻的數目便是用於裝飾教堂內部瓷磚的數量。

　　巨人遵循老人的指示，把骰子從杜羅河入海口的最高處扔了出去，骰子散落在波爾圖城內，在骰子落地的地方迅速升起了一座座教堂和修道院，每座教堂內都有著美麗的藍白瓷磚裝飾。

轉型復興葡萄酒產業 ————————

阿連特茹

DENOMINACIÓN DE ORIGEN ALENTEJO

"Vingar-me quero, que é grande a bebida;
Tudo o que não é beber é lixo e vento,
Que para tão grande gosto é curta a vida."

Retrato de um Bêbado
António Barbosa Bacelar

「喝酒最快樂，
除了喝酒以外的事都是沒有意義的。
只可惜生命太短，不能盡情歡飲。」

節錄自 醉酒者的自述
葡萄牙詩人
安東尼奧·巴波薩·巴希拉

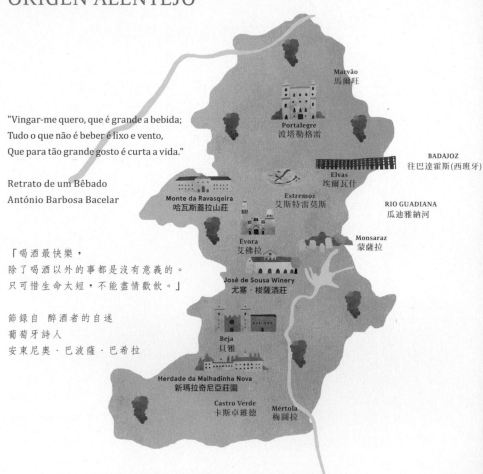

Marvão
馬爾旺

Portalegre
波塔勒格雷

BADAJOZ
往巴達霍斯(西班牙)

Elvas
埃爾瓦什

Estremoz
艾斯特雷莫斯

RIO GUADIANA
瓜迪雅納河

Monte da Ravasqeira
哈瓦斯蓋拉山莊

Monsaraz
蒙薩拉

Évora
艾佛拉

José de Sousa Winery
尤塞·梭薩酒莊

Beja
貝雅

Herdade da Malhadinha Nova
新瑪拉奇尼亞莊園

Castro Verde
卡斯卓維德

Mértola
梅圖拉

歷史背景

　　雖然羅馬人佔領伊比利半島上的阿連特茹地區時，一併也帶來了種植葡萄的新技術；不過在此之前，塔泰索人、腓尼基人和希臘人等各個文明，就已經在這裡種下葡萄了。幾百年後，穆斯林佔領阿連特茹，葡萄種植面積不斷縮小，這個產地的重要性也隨之下降，直到基督徒反攻、收復失土之後，這裡的葡萄酒產業才慢慢復甦。

　　在十七至十九世紀間，阿連特茹的葡萄種植面積還十分有限；當時葡萄牙境內，較受大眾青睞的是上杜羅河等其他產區。直到二十世紀下半葉，阿連特茹地區全面轉型，這裡出產的葡萄酒也才恢復了當年的盛名。

　　目前，阿連特茹產區的總種植面積共有兩萬兩千公頃，分佈在產區內各個城鎮。法定產區監管委員會將這裡生產的葡萄酒分為兩種，並分別制訂出品質認證標章，以便消費者識別。

A.「阿連特茹法定產區」認證 (Denominación de Origen Controlada)

　　要獲得法定產區認證，須符合下列兩項規定：

1 75% 以上的釀造葡萄，必須選用特定品種。

2 只有產自以下八個產區的酒，才能掛上法定產區認證標章。這八個產區分別是：博爾巴（Borba）、艾佛拉（Évora）、格蘭亞——阿瑪烈萊亞（Granja-Amareleja）、穆拉（Moura）、波塔勒格雷（Portalegre）、赫東多（Redondo）、赫根鐸（Reguendos）和維吉蓋拉（Vidigueira）。

B.「阿連特茹產地酒」（Vinho Regional Alentejano）產地認證

產地酒可使用的葡萄種類更多，凡是在阿連特茹的波塔勒格雷、艾佛拉和貝雅（Beja）釀造，且選用的葡萄符合規範的酒，都可以獲得產地酒認證。

阿連特茹已是全球知名產區。美國《Wine Enthusiasts》雜誌更將阿連特茹評為「全球十大美酒之旅景點」。

地區氣候

阿連特茹產區中，不同地區的土壤各有特色：博爾巴是結晶石灰岩土，波塔勒格雷是板岩土；艾佛拉、格蘭亞—阿瑪烈萊亞和穆拉有地中海棕土和紅土；赫東多、赫根鐸和維吉蓋拉地區則是白堊土。加上本地可觀的日照時數和特選的葡萄品種，醞釀出品質優秀的葡萄酒。

酒莊附近多有橄欖樹、聖櫟樹和軟木橡樹。全球 75% 的軟木塞均產自阿連特茹。

此地氣溫普遍較高，全年日照時數超過一千小時，南部地區氣候更炎熱，降雨量更少。受高溫影響，這裡的葡萄酒酒精度數也相對偏高。

Tipos de uva
葡萄類型

釀造紅酒最具代表性的**紅葡萄品種**有：阿拉貢內斯（aragonêz，也就是西班牙的田帕尼優）、比利吉達（periquita）、特林加岱拉（trincadeira）、巴斯塔都（bastardo，又稱爲紅凱亞達）、莫雷托（moreto）、紫北塞（alicante bouschet）、黑阿弗萊格（alfrocheiro preto）。

其中，特林加岱拉葡萄品質最好，釀造出來的酒口感也最優雅。

白葡萄的品種有：胡佩里（roupeiro）、阿瑞圖（arinto）、佩胡姆（perrum）、羊尾巴，以及費爾諾皮埃斯（fernão pires）。

此外，近幾十年也開始種植釀製紅酒的希哈（syrah）、卡本內蘇維翁，以及白夏多內（chardonnay）等品種。

阿連特茹產的紅酒色澤多爲紅寶石或石榴色，酒體渾圓輕盈。白酒香氣濃郁、口味清爽協調。由於使用不同品種的葡萄混釀，口感上也略帶層次感。

BODEGAS
酒莊

阿連特茹產區

阿連特茹有超過 250 家酒莊，以下幾家
酒莊特別值得一提：尤塞·梭薩酒莊、哈
瓦斯蓋拉山莊，以及新瑪拉奇尼亞莊園。

JOSÉ DE SOUSA WINERY

01 ——

科技與傳統陳釀出醇厚美酒
尤塞·梭薩酒莊

　　尤塞·梭薩酒莊隸屬於尤塞·瑪麗亞·豐賽卡集團 (José María da Fonseca)。這個家族企業成立至今近兩百年，隨著時代和潮流的演變，集團也不斷進行現代化。

　　創辦人尤塞·瑪麗亞·豐賽卡釀酒的歷史可以上溯至 1834 年。他的後人繼承了過往輝煌的名望，並遵循永續發展理念，在投入更多資金研發新技術的同時也不忘嚴守傳統。位在阿連特茹地區，黑根格蒙

薩拉鎮（Reguengos de Monsaraz）的尤塞・梭薩・赫薩多・費南德斯酒莊（José de Sousa Rosado Fernandes）便是最佳典範。

集團對品質的堅持，大大提高了葡萄牙美酒的盛名。尤塞・梭薩酒莊擁有近六百五十公頃的葡萄園，釀酒廠使用的最新設備，堪與世界上其他著名酒莊比美，結合尖端科技和古老的歷史傳承，釀造出醇厚美酒。

集團創辦人最大的特點，就是對釀酒的莫大熱誠，他期望透過葡萄酒，向消費者傳遞這份對釀造工藝的堅持與熱情。

尤塞・梭薩酒莊

1986 年，尤塞・瑪麗亞・豐賽卡買下位於黎貝拉山（Monte da Ribeira）的尤塞・梭薩・赫薩多・費南德斯農莊後，便逐步開始實踐他的夢想：在阿連特茹歷史悠久的地產裡，以傳統製酒工藝釀酒。

因為此地從 1878 年就開始生產葡萄酒，酒莊位在黑根格蒙薩拉鎮中心，遊客可以來此探訪全球獨一無二的釀酒廠。

尤塞・梭薩酒莊裡有一百一十四個黏土雙耳瓶，遵循罕見的古老發酵法在瓶中釀造葡萄酒。

在地下酒窖中，除了保留傳統黏土瓶和兩個用來踩葡萄的大槽之外，還有一座現代化的釀酒廠，內有四十四座不鏽鋼酒槽，以及釀造

各種紅白酒所需的設備。遊客在品嚐佳釀之餘，還能在此體驗傳統與創新的結合。

故居博物館（Casa Museu）

尤塞・瑪麗亞・豐賽卡集團在亞塞屯（Azeitão）的諾蓋拉村（Vila Nogueira）設有博物館。雖然館址不在阿連特茹，卻是紅酒愛好者必去的景點，而且交通方便，從首都里斯本就能搭乘火車、客運或自行駕車前往。

博物館建築興建於十九世紀，1923 年由瑞士建築師恩尼斯托・柯羅迪（Ernesto Korrodi）修復。提起創辦人尤塞・瑪麗亞・豐賽卡時，總令人聯想起博物館宏偉的大門及精美的花園。

故居博物館之旅先簡介企業歷史，接著會帶領遊客參觀三座古老酒窖：著名的比利吉達葡萄酒是在馬塔酒窖（Bodega de la Mata）和新泰哈爾酒窖（Bodega de los Tejares Nuevos）進行釀造的。而在舊泰哈爾酒窖（Bodega de los Tejares Viejos）裡，存放著陳年塞圖巴爾加烈甜酒（moscateles de Setúbal），其中甚至有幾款百年歷史的名貴老酒。

最後還有機會品嚐由尤塞・瑪麗亞・豐賽卡釀造的幾款酒品。博物館設有酒品專賣店，店內販賣各種酒莊生產的葡萄酒供遊客選購。

Info

Rua de Mourão 1 7200-291 REGUENGOS DE MONSARAZ (Alentejo) |
Tfno. +351 212 198 940 | Fax. +351 266 509 768 |
josedesousa@jmfonseca.pt,enoturismo@jmfonseca.pt | www.jmf.pt

創立至今已兩百年的家族企業，秉持著與時代共同創新進步也不忘嚴守傳統的宗旨，將集團葡萄酒的釀造品質推向高峰，每一款酒品都具有其獨特、神秘與撥動人心的特色風味！

Ripanço
希潘索

這款酒的名稱，來自一種可上溯到羅馬時代的製酒工序，傳統上大多出現在葡萄牙南部。

「希潘索」是一種桌子，桌面由木製橫條構成，橫條間有小縫隙。工人將採收下來的葡萄放在桌上搓揉，透過縫隙來剔除葡萄籽。釀酒時只要將一小部分的葡萄以希潘索桌加工，就能釀造出溫潤優雅，且沒有葡萄藤單寧口感的酒。希潘索是以阿拉貢內斯、特林加岱拉、希哈與紫北塞等葡萄混合釀造而成。

口感 |
散發紅色莓果、紫羅蘭、藍莓的香氣，入口後可以品嚐到核桃混合著薄荷和香草氣味，味道非常均衡，果香飽滿，酸度適中。

José de Sousa
尤塞 · 梭薩

這款葡萄酒誕生於阿連特茹中心的黑根格蒙薩拉。
這裡的葡萄園日照充足，使本地生產的葡萄酒平添
特殊韻味。尤塞 · 梭薩是以特林加岱拉、阿拉貢內
斯與黑格蘭 (Grand Noir) 等葡萄混釀而成。

其中最多 5% 的葡萄酒儲存在陶罐中發酵，另外
95% 的葡萄酒在不銹鋼酒槽中發酵，並在新的法國
橡木桶裡桶陳九個月。

口感 |
散發棗子、乾草、李子、烤麵包、小丁香、橡木、
香草和巧克力的氣味，酒體飽滿濃郁，丹寧成熟度
佳且含量高。

José de Sousa Mayor
陳年尤塞 · 梭薩

以特林加岱拉、阿拉貢內斯與黑格蘭葡萄混釀而成。
利用容量約一千六百公升的傳統大陶甕來釀酒。

先將人工手摘的葡萄利用希潘索桌略微壓碎去籽，
之後將一半的葡萄漿、果皮和 30% 的葡萄藤放入大
陶甕中，每日四次以噴灑水霧的方式，將室溫控制在
二十八度。另一半葡萄漿則在石槽中進行發酵。透過
大陶甕發酵的酒有一股特殊風味。陳年尤塞 · 梭薩
主要出口到中國及日本。

口感 |
這是一款結構良好，酒體渾厚飽滿，餘韻強烈的葡萄
酒，散發黏土、紅棗和濃厚木材氣味。

秉持釀酒藝術的精心之作
哈瓦斯蓋拉山莊

　　哈瓦斯蓋拉山莊位在阿哈尤羅（Arraiolos），距里斯本僅一個小時，好幾個世代以來都是尤塞・梅洛家族（José de Mello）的產業。山莊坐擁阿連特茹典型的風光，佔地近三千公頃。近年來山莊更大量投資基礎建設，發展出一流的酒莊行程。

　　尤塞・馬努葉・梅洛（José Manuel de Mello）曾說過：「九零年代末期，我們決定推動一項企業計畫，利用阿連特茹絕佳的氣候與地理條件，以及本地獨特的自然環境、歷史與資源，來大量生產優質葡萄酒。」

MONTE DA RAVASQUEIRA

釀酒師佩卓・佩雷拉・龔薩維斯（Pedro Pereira Gonçalves）也說過：「哈瓦斯蓋拉山莊釀酒工藝的哲學，便是保留葡萄品質及葡萄酒特色。我們生產的各項酒類，皆是揉合傳統與創新，全神投注在科學與釀酒藝術的精心之作。」

不過，除了釀產販售葡萄酒外，哈瓦斯蓋拉山莊還有其他農林業活動，包括採樹皮生產軟木、肉牛養殖與銷售，阿連特茹伊比利豬的育肥，以及蜂蜜與油的產銷。

山莊中備有完善的設備及最先進的科技，足以承辦各種會議活動及聚會。賓客可以享受阿連特茹舒適的氣候，在大自然中漫步、舉辦餐宴，一定是令人難忘的回憶。

山莊有幾項重要設施，其中之一便是酒窖，釀酒師將辛苦釀造出的成果儲藏在此。另一個重要設施是馬車博物館，馬匹養殖在葡萄牙文化中的重要地位，在此一覽無遺。以下介紹博物館中特別值得一訪的地方。

馬爾他之家

名為馬爾他之家的餐廳，以前是哈瓦斯蓋拉山莊的公共空間，廳裡保留當年的傳統和友善的待客精神。在這裡，可以品嚐阿連特茹最美味的葡萄酒與美食。

花磚廳

哈瓦斯蓋拉山莊最具特色的宴會廳之一。廳中壯麗的花磚牆上繪有馬術活動圖樣。

馬具廳

不久前，哈瓦斯蓋拉山莊的馬具廳裡還馴養著純種葡萄牙種馬。這座溫馨舒適的廳堂展出一系列與馬術文化有關的文物。

馬車博物館

哈瓦斯蓋拉山莊的珍藏是馬車博物館，館中藏有三十七件馬車原件，可說是歐洲最完整的館藏。尤塞．馬努葉．梅洛終其一生收藏、修復各種獨特的馬車型號。最古老的馬車可以上溯到十八世紀。博物館亦可作為多功能宴會廳。

騎術學校

這裡除了舉行馬術測驗之外，還能舉辦各式活動與會議。此地空間廣大、設備完善，即使接待大量賓客依然舒適寬敞。

Info

7040-121 ARRAIOLOS | Tfno. +351 266 490 200 | Fax. +351 266 490 219 | ravasqueira@ravasqueira.com | www.ravasqueira.com | https://www.ravasqueira.com/produto/visita-varios-seculos-historia/ |

因將釀酒視為最美好的藝術，哈瓦斯蓋拉山莊將每一款葡萄酒都視為藝術中的上品，嘗試引導出各種葡萄單一與匯集的獨特風味，使其口味極具個性和特殊口感。

Premium Tinto
特優紅酒

這款 2014 年上市的獨特紅酒，匯聚了葡萄的各種風味，及酒莊多年來累積的知識，是精密的葡萄栽植與釀酒工藝的絕佳成果。

此地擁有獨特風土，加上在其他眾多原因的影響之下，葡萄植株的表現與眾不同。酒色是濃重不透明的深紅。氣味香醇有層次。有松露、雪松、黑橄欖和可可的香氣，以及混合了黑色水果、紅色莓果和無花果乾的濃郁風味。

口感 |
能品嚐到黑胡椒和百里香等香料的氣味，在口中留下醇厚的餘韻。

Vinha das Romãs
石榴酒

2002 年，酒莊將一座石榴園重新闢為葡萄園，釀造
這款酒的葡萄便產自這座園區。新葡萄藤與老石榴
樹根部交纏的結果，使這款葡萄酒不但有個性，且
帶有特殊風味。

酒色是不透明的深紅色，香氣有一定的層次，並帶
有紅色莓果、雪松，漿果、薄荷和各種香料的氣味。

口感｜
餘韻優雅清新，帶有些微的礦物味。

Reserva da
Família Tinto
家族陳釀紅酒

這款向尤塞 · 梅洛家族致敬的陳年佳釀紅酒，
是精選優質產地，以精密葡萄栽植技術種植釀
造而成。酒色是深沉不透明的猩紅色，完美結
合了國產多瑞加葡萄，以及希哈葡萄的特色。

口感｜
帶有成熟水果、花香、白色漿果和香料的風味。

03 ——

無人工介入的自然風光
新瑪拉奇尼亞莊園

　　在新瑪拉奇尼亞莊園，遊客可以享受到阿連特茹最純淨、廣袤的大自然風光；在這裡，動植物自由生長，幾乎不受任何人工介入，因此能生產出獨家且天然的產品。在新瑪拉奇尼亞，時間便是稀有珍貴的資產。

　　新瑪拉奇尼亞莊園誕生於夢想之中，這個夢想就是生產出一款偉大的、全世界最棒的葡萄酒。這裡的葡萄酒風味優雅、果香濃郁，口感多層次，忠實呈現出對大自然的尊敬、對葡萄酒的熱情和全心投入。

　　新瑪拉奇尼亞莊園的酒窖結合不同條件，打造出釀造不同葡萄酒所需的絕佳環境。酒窖座落在葡萄園旁，並善用傾斜的地勢，透過重力進

HERDADE DA MALHADINHA NOVA

行釀酒的所有程序。在葡萄採摘季,訓練有素的人員會將採收下來的成串葡萄,放入十二公斤的小箱子裡運回酒窖,回到酒窖後,再將葡萄放到桌面上重新擇果。所有的製程都透過人力,採用環保永續的方式進行。

葡萄酒不僅在地中海文明中佔有重要地位,也是新瑪拉奇尼亞莊園的主軸。遊客可以在莊園提供的各項體驗裡,深度探索葡萄酒世界,包括美酒的奧祕、歷史、技術、口感、香氣,以及葡萄酒對感官的各種刺激。莊園裡有貨色齊全的店面,遊客可以在此購買莊園生產的各種酒品。

新瑪拉奇尼亞佔地四百五十公頃,園區內有酒窖、餐廳,和備有十間客房的鄉村之家飯店與 Spa,除了規劃出美酒之旅外,還提供一系列的活動,無論是喜愛美酒、美食、自然風光,或熱愛傳統文化的遊客,都能在此找到適合您的活動。

　　遊客可以參觀莊園建築與酒窖、品飲葡萄酒、騎馬漫步或搭乘熱氣球。同時莊園也替企業、家庭和情侶量身打造專屬行程。在新瑪拉奇尼亞，一切都可能實現。

鄉村之家飯店與 Spa

　　這棟鄉村別墅結合阿連特茹平原的田園風光，以獨一無二的方式融合傳統與現代，提供舒適的住宿體驗。飯店以鄉村、舒適及優雅爲設計主軸，喚起住客感官與心靈的享受。所有的客房都十分寬敞且設備齊全。飯店還備有一座游泳池，以及座落在葡萄樹間的 Spa 中心。

瑪拉奇尼亞餐酒館

　　瑪拉奇尼亞餐酒館位在酒窖建築中，利用本地食材、透過現代詮釋提供特色美饌。由米其林星級主廚裘亞欽‧柯爾伯（Joachim Koerper）

擔任餐廳顧問。駐館大廚布
魯諾·安圖內斯監督；傳統
烹飪大師薇塔莉·娜桑托斯
掌勺，以阿連特茹特色美食
為靈感，提供當季料理。

新瑪拉奇尼亞也使用其
他高品質食材，包括部分當
地動物食材。

橄欖油

在阿連特茹的傳統文化中，百年老橄欖樹和橄欖果是重要的一環。
新瑪拉奇尼亞在二十世紀四零年代開闢一座橄欖園，製作風味獨特、色
澤澄澈的橄欖油。這裡也養殖牛隻和阿連特茹黑豬，讓動物原生環境
中，攝取純天然食物長大，與大自然和諧共生，也遵守了法定保護產區
的規定。

種馬場

繁殖純種「盧西塔諾馬」，在守護傳統文化之餘，也讓莊園得以參
加全國性和全球性比賽。這座美麗的莊園，與葡萄牙阿連特茹地區有深
厚的連結。這裡能為遊客帶來平靜的感覺，讓您與親友共享寧靜時刻，
情侶和夫妻也能在此體驗浪漫氛圍。

Info

7800-601 ALBERNOA. Beja - Portugal | Tfno. +351 284 965 210 / 211 |
geral@malhadinhanova.pt | www.malhadinhanova.pt

美酒就該與美食相襯，莊園聘請米其林主廚與烹飪大師一同為遊客打造美酒佳釀的酒食天堂。酒莊推出的瑪拉奇尼亞紅酒，一推出被好評不斷，值得點上特色美饌一同品味。

MM da Malhadinha

瑪拉奇尼亞 MM

2013 年推出第一代瑪拉奇尼亞 MM 葡萄酒，向家族裡的新成員致敬。這款紅酒在法國橡木桶中桶陳十二個月。酒色不透明，香味與莊園生產的其他紅酒大不相同，黑色水果和烘烤過後的香氣在桶中完美結合，此外還有一絲煙燻礦物味。

口感 |

這款酒口感完整，單寧明顯且後韻持久。是一款有潛力且值得久藏的美酒。

Malhadinha Tinto
瑪拉奇尼亞紅酒

自初次上市以來便好評不斷。如今釀造的版本保留原版精華，但更加細緻醇厚。這款新酒結合新鮮水果的多汁芬芳，年輕有活力的口感在桶中熟成後，使酒液帶有香草、香料、黑巧克力的氣味，微微的香脂味更平添清新風味。

口感｜
這款酒口感濃郁且結構完整，後韻微澀，適合搭配重口味的菜餚。

Malhadinha Blanco
瑪拉奇尼亞白酒

使用每日清晨第一批採摘、檢選的葡萄釀製。是一款一倒入酒杯就能征服人們的白葡萄酒。均衡和諧的氣味來自於新鮮水果的香氣，和橡木桶帶來的奶油味。

口感｜
清新的口感和木桶些微的奶油味，在口中交織成綿長持久的喉韻。

阿連特茹葡萄酒產區周邊景點

LUGARES DE
INTERÉS EN LA
D. O. ALENTEJO

　　阿連特茹地區貫穿葡萄牙中部，是葡萄牙重要的葡萄酒產區之一，此區的首府是艾佛拉市 (Évora)。遊客可以透過不同交通工具輕鬆抵達此區。從伊比利半島各地都能駕車前往。在里斯本等各大城市有定期火車和客運班次。離這裡最近的機場有貝雅、法魯 (Faro) 和里斯本機場。

　　此區地景相當多樣，還有豐富的自然區域，例如聖瑪梅德山自然公園 (Sierra de San Mamede)，山頂海拔 1025 公尺，是阿連特茹的最高峰。公園全年都是觀察鳥類的完美地區，還有沙灘及海岸，無論是獨自前往或全家同樂，都能找到適合的去處。

　　此區的浸淫在豐富的歷史和藝術中，城鎮附近多有葡萄園和酒莊，提供各式活動，例如免費參觀、品酒會，和適合各類型遊客的其他活動。

　　阿連特茹的美食豐富多樣，且使用口味鮮美的優質農產品，風味亦屬上乘。簡單的番茄沙拉佐此地特產橄欖油，就是最好的證明。這裡的乳酪、秋天的菌菇也很有名。

　　波塔勒格雷市生產品質絕佳的醃肉食品，例如以本地農場放養的伊比利豬所醃製的火腿等。所有餐廳都有供應魚肉料理，特別是鯊魚和鹽醃鱈魚。接下來，讓我們帶領您從北到南，探訪阿連特茹最著名的城鎮。

 馬爾旺 (Marvão)

　　坐落在山頂上的中世紀小鎮，是阿連特茹地區最壯觀的景色之一。鎮上的舊城區由美麗陡峭街道所構成，鎮上最高的地方有一座保存完好的城堡。

　　在夏天，鎮上會舉辦國際古典音樂節，期間鎮上有豐富的社交與文化活動。若您想要享受大自然風光，可以在附近松林和橄欖樹之間的小徑漫步。

波塔勒格雷 (Portalegre)

這座美麗的葡萄牙小鎮，位於聖瑪梅德山區，距離西班牙邊境僅數公里遠。

在十三世紀，這裡曾是重要城鎮，因此興建了一座城堡，至今還保留三座塔樓和部分建築物。從塔樓上可以眺望小鎮及周遭的美麗景色。此鎮在十六世紀曾一度恢復風光，獲得當時國王若昂三世授予此鎮「城市」的稱號，不久後立刻興建了主教座堂、主教宮和教區神學院。遊客不妨參觀下列建築，其中有些景點位在美麗的廣場旁，讓遊客可以欣賞葡萄牙這個地區的獨特魅力。

主教座堂 · Sé-Catedral

十六世紀就開始興建，直到十八世紀才全部完工。教堂寬闊美麗的主立面兩側有兩座塔樓，塔樓往上延伸成一座尖頂。教堂內有十七世紀的花磚牆面，以及數幅十六和十七世紀的繪畫。

聖克拉拉修道院 · Convento de Santa Clara

1376年，蕾歐娜‧泰莉絲王后（Leonor Teles）下令在費迪南國王時代的宮殿舊址興建修院。此後一直到十八世紀爲止，修道院持續進行擴增和改建。

聖貝納多修道院 · Monasterio de San Bernardo

十六世紀初興建隸屬於熙篤會，是葡萄牙保存最完善的熙篤會修院之一。修道院中的教堂和寺院以曼紐爾風格著稱，意即曼紐爾一世時代（1469-1521），葡萄牙所發展出的建築風格。

市立博物館 · Museo Municipal

位在舊的教區神學院中，收藏大量藝術品，主要來自鎮上修道院，以及其他私人捐贈的藝術品。如果在傳統節日或市集日來訪，更能一覽這座城鎮生動和多彩的一面。

在十七和十八世紀期間，此地又興建了巴洛克風格的新建築，例如聖洛倫索教堂（Iglesia de San Lorenzo）和貴族的宅邸，如阿馬瑞羅宮（Palacio Amarelo）、法頌耶宮（Palacio de los Falcões）和艾其歐利宮（Palacio Achioli）。

埃爾瓦什 (Elvas)

埃爾瓦什毗鄰西班牙邊境，距巴達霍斯僅二十公里。

鎮上最引人注目的，便是已納入世界遺產的各項防禦工事。此地的軍事建築令人驚嘆，分別由伊斯蘭時代、中世紀，以及十七世紀的城牆所組成，再加上十七世紀的聖盧西亞堡 (Fuerte de Santa Luzia)、十八世紀的格拉薩堡 (Fuerte de Graça) 和十九世紀的三個堡壘：聖瑪梅德堡 (São Mamede)、聖佩卓堡 (São Pedro) 和聖多明戈堡 (São Domingos)。

阿莫雷拉水道橋 (Acueducto da Amoreira) 也獲聯合國教科文組織納入世界遺產。水道橋由 843 道拱門組成，從市郊區向外延伸近八公里，將水運到拉戈密塞里柯迪亞 (Largo da Misericórdia) 的大理石噴泉。

　　另一個交通方便的景點是共和廣場 (Plaza de la República)，廣場位在市中心最高點，附近有許多咖啡廳和餐館。廣場的一端矗立著古老的主教座堂，名叫聖母升天教堂 (Iglesia de Nuestra Señora de la Asunción)。教堂原始建築建於十六世紀，十七和十八世紀間進行過多場重要工事，後來也經過強化和修復。

　　聖方濟第三修會教堂建於 18 世紀，屬於巴洛克風格，內有美麗的花磚牆和裝飾華麗的主禮拜堂。其他值得一訪的建築包括 1525 年，在埃爾瓦什上城區成立的聖克拉拉修道院，以及 1645 成立的聖若昂修道院 (Convento de São João de Deus)，目前已改建為聖若昂飯店。

當代藝術博物館 · Museo de Arte Contemporáneo

　　館藏是安東尼奧‧卡夏拉（António Cachola）所收藏的四百件葡萄牙當代藝術作品。館址前身是醫院舊址，是一座極負建築藝術的大樓，這裡也經常展出繪畫，攝影和雕塑的非常態展覽。

　　最後，遊客不妨參觀拉戈聖克拉拉，這裡有座可愛的三角形小廣場，廣場中有一座十六世紀的石柱。石柱通常象徵正義或是皇權，表明一座城市是由貴族統治，還是由市政府管理。石柱旁便是處決死刑犯的刑場，石柱是大理石製成的，高度相當高，柱身有螺旋設計，且頂端依然保有龍頭形的四根鐵柱。

艾斯特雷莫斯 (Estremoz)

　　另一個極具魅力的地方是艾斯特雷莫斯鎮，從遠處便能看到山坡上的景色。

　　參觀時可以從下城區的羅西奧馬奎斯彭巴廣場 (Rossio Marqués de Pombal) 開始，廣場一帶有許多酒吧和餐館，每週六都有販賣食品與手工藝品的市集。附近有好幾個值得一遊的景點，例如十七世紀興建、尚未完工的孔格雷嘉多修道院 (Convento de los Congregados)，目前是市政府和宗教藝術博物館。

　　同樣著名的是聖基督禮拜堂 (capilla del Santo Cristo)、鄉

村博物館（Museo Rural）、十六世紀的仁慈醫院（hospital de la Misericordia）和聖方濟修道院（convento de San Francisco），院中有一座十三世紀的哥德式教堂。

加達尼亞橋 · Fonte e Lago da Gadanha

值得一訪的還有加達尼亞橋，位在同名的人工湖上。在這座十七世紀修建的大湖中，佇立著希臘神話裡手持鐮刀的薩圖諾（Saturno）雕塑。

下城區之旅的最後，可以前往石柱廣場（Plaza del Pelourinho），從廣場向上走到舊城區，沿路都是蜿蜒有坡度的小巷弄，路不太好走，不過當爬上城堡塔樓之後，就能從小鎮最高點欣賞周邊美麗的風光。城堡內部有好幾座哥德式建築風格的廳堂，也開放給一般民眾參觀。

由於艾斯特雷莫斯附近有好幾座大理石採石場，因此城市裡大部分的紀念碑、房屋和市區裝飾，都是以大理石製成的。

 艾佛拉（Évora）

羅馬人在西元前 59 年征服艾佛拉市，因此這裡除了許多古蹟和值

得造訪的地方外，還保留不少重要的羅
馬遺跡，1986 年獲聯合國教科文組織列
為世界文化遺產。艾佛拉市區有一所優
秀的大學，是葡萄牙最重要的文化重鎮
之一。

　　艾佛拉坐落在一座地勢平緩的山丘
上，舊城區裡有一座宏偉的主教座堂，四周有城牆環繞。在舊城區
迷人的街道和小廣場間漫步，可以發現美麗的羅馬城牆遺跡、西元
二世紀末的戴安娜神廟 (Templo de Diana) 遺址、伊莎貝女王之門
(Puerta de Doña Isabel) 以及現今市政府大樓底下的浴場遺址。第五
世紀到十四世紀期間，艾佛拉一直佔有重要地位，但十五和十六世紀，
此地的重要性更上一層樓。

吉拉達廣場 · Praça do Giraldo

　　可謂城市的神經中樞，白天廣場
上的氣氛比較悠閒平靜，適合坐下來
喝點飲料、歇歇腳或者享用午餐；晚
間廣場更加迷人有活力，很適合在此
品嚐美味晚餐。

主教座堂 · Sé

　　位於城市的最高處，建築帶有羅馬式和哥德式風格。從外面可以
看到美麗的教堂圓頂，也就是位在教堂中殿交叉甬道的塔樓。教堂內
部最引人注目的是十八世紀興建，以艾斯特雷莫斯大理石為建材的主
禮拜堂。

　　艾佛拉最令人印象深刻的景點——人骨禮拜堂（Capela dos Ossos）就位在聖方濟教堂（Iglesia de San Francisco）。這個禮拜堂空間很小，牆壁堆滿了頭骨和各種人骨，令遊客留下深刻印象。

　　宏偉的水道橋勢必會吸引眾人目光，這座遺跡建立於十六世紀，從距離城市九公里外的河川引水，引到吉拉德廣場中的噴泉裡（噴泉已在十七世紀消失）。

　　在艾佛拉博物館（Museo de Évora），遊客可以全面了解這一區的歷史和文化。館中展示許多考古遺跡，包括來自羅馬時代的遺址，以及不同時期的繪畫和雕塑。阿連特茹葡萄酒之路（Ruta del Vino del Alentejo）的總部，位於艾佛拉市中心一棟古老建築內。在那裡，遊客可以透過靜態展覽和影片，深入瞭解釀酒文化、與葡萄酒之路有關的各種資訊，並認識各個品種的葡萄。遊客還可以免費品嚐阿連特茹葡萄酒。

　　若時間允許，不妨前往艾佛拉市以西十七公里處，看看著名的阿

爾門德羅斯環狀列石陣（Crómlech de los Almendros），根據石陣大小和保存現況來看，這裡可說是伊比利半島最重要的巨石遺跡。這座宗教遺址由巨石所組成，據估計可以上溯到西元前五千至兩千年。若要前往這個神秘的史前遺址，唯一的交通工具就是開車。

蒙薩拉（Monsaraz）

　　小鎮居民僅一千人，但有諸多值得探訪的景點。甚至有人說，這是阿連特茹地區最美麗的城鎮。

　　城區西南端有一座引人注目的城堡，歷史可以上溯到十三世紀末。此地有豐富的宗教歷史，拉戈亞聖母教堂（Iglesia de Nuestra Señora de Lagoa）是鎮上的主要教堂，最初建於十六世紀，並在十八和十九世紀經過數次翻修。附近還有巴洛克風格的慈悲教堂（Iglesia de la Misericordia）和宗教藝術博物館（Museo de Arte Sacro）。同

樣值得參訪的，還有十四世紀的施洗者聖約翰禮拜堂（Capilla de São João Baptista），以及聖本篤小禮拜堂（Ermita de São Bento）。

如果有機會到城區外走走，一定會發現令人驚嘆的謝雷茲石陣（Crómlech de Xerez）；由五十座花崗岩排列而成的石陣，是伊比利半島最著名的史前遺跡之一。

遊客也可以選擇到佔地龐大的奧奇瓦水庫（Embalse de Alqueva），進行各種水上活動，還有乘船導覽，適合各種年齡層的遊客，度過充滿樂趣且清涼暢快的一天。

貝雅（Beja）

來到阿連特茹，貝雅無疑是必訪的景點。此地寧靜的氛圍，以及保存良好的歷史建築，再再令人流連忘返。

城裡有一座城堡，是十三世紀末迪尼斯國王下令所建，堡裡有一座高達四十公尺的塔樓。遊客可登上塔樓，眺望市區和周邊一望無際的景觀。

共和廣場 · Praça da República

此地位於市區中心,附近有不少古蹟,包括建於十六世紀中葉的仁慈教堂 (Iglesia de la Misericordia),該教堂文藝復興時期的建築風格,顯然是受到義大利的影響。

貝雅地區博物館 · Museo Regional de Beja

位於十五世紀的聖母無原罪始胎修道院 (Convento de Nuestra Señora de la Concepción)。這座修道院有一個著名的故事,故事主角瑪莉安娜 · 奧科佛拉德 (Mariana Alcoforado) 是院中修女,曾多次向一位法國騎士寫信示愛,也就是後來著名的「葡萄牙修女之書」。修院內部的裝飾也很有看頭,天花板和牆壁上除了繪有濕壁畫之外,還有自十五世紀以來,廣泛應用於妝點室內外的花磚,遊客能夠在修院內,盡享花磚藝術大成。

城牆外的梅圖拉門 (Puerta de Mértola),是貝雅到梅圖拉古道的起點;門旁便是聖方濟修道院 (Convento de San Francisco),現已改為國營旅館。修道院始建於十三世紀,幾個世紀以來,經歷諸多風格各易的增修與擴建。這裡最有名的便是人稱「墓葬廳」的喪葬禮拜堂,是葡萄牙最重要的哥德式建築之一。

　　雖然不知道傳說的真實性，但這位葡萄牙修女瑪麗安娜所寫的書信卻是文學歷史上的大師之作，傳說共有五封書信，寫於西元十七世紀，作者是葡萄牙貝雅城的瑪麗安娜修女。

　　傳說瑪麗安娜修女在看見聖萊奧伯爵騎馬後便愛上了他，伯爵是一位法國軍官，與他的軍隊駐紮在貝雅城裡，幫助葡萄牙攻打西班牙，在一次偶然，瑪麗安娜有幸與聖萊奧伯爵在修道院相遇，於是修女把她親筆的五封書信交給了伯爵，書信裡表達了瑪麗安娜的絕望，悲傷以及對伯爵深深的愛慕之情。

　　伯爵覺得很有意思，於是便把書信交給了一位朋友，讓他在巴黎發表，如今，書信的內容被翻譯成各國語言。

卡斯卓維德（Castro Verde）

　　卡斯卓維德位於貝雅市西南方四十二公里處。這一帶最為人所熟知的便是1139年發生在此地的奧里基戰役（Batalla de Ourique），以及其中的傳奇名人卡巴葉羅（Santiago Caballero）。在十八世紀初興建的聖母無原罪始胎教堂（Iglesia Matriz de Nuestra Señora de la Concepción）中，就有描繪這場戰爭的花磚牆面。

　　上面提到的聖母無原罪始胎教堂，是一座宏偉的巴洛克式建築，主立面兩側有兩座塔樓。堂內除了先前提到的花磚牆，還有木製鍍金的主祭壇。

卡斯卓維德鎮上有不少迷人的街道，遊客不妨一邊漫步，一邊欣賞鎮上其他宗教建築，包括教堂，修道院和教堂等。

 ## 梅圖拉（Mértola）

梅圖拉是位於瓜迪亞納河畔（río Guadiana）的小山村，腓尼基人、羅馬人、西哥德人和阿拉伯人的文化都曾統治此地，後來才被基督徒征服。阿拉伯文化對這裡的影響特別大，每年村中都會慶祝梅圖拉伊斯蘭節（Festival Islámico de Mértola）。

十三世紀建造的城堡，是第一個值得駐足的景點。一旁的聖母升天教堂（Iglesia de Nuestra Señora de la Asunción）也建於十三世紀，是根據原有的清真寺改建而成，如今依然保留了部分原始的建築。

距離梅圖拉幾公里外，有兩個值得推薦的景點。其中一個是聖多明各礦山（Minas de Santo Domingo），從古代便在此開採金、銀、銅等礦物。遊客可以參加導覽之旅。

距離礦區不遠處，便是塔帕達格蘭（Tapada Grande）的河灘，附近有野餐和烤肉區，有酒吧、廁所、兒童遊樂場和步道，供民眾享受此地的自然美景。

致謝

封面照片提供
Bodegas Fariña. Toro (Zamora)

內文照片提供
©Carlos Díaz-Redondo
P79(3), P80, P81, P82, P85, P86, P152, P155, P269, P270, P271, P272, P273, P274, P275, P276 , P277, P279(3)

©José María Vicente Pradas
P21, P22, P47, P48(1), P49, P50, P51, P54(3), P117, P120, P121(2), P122, P123(1), P125, P147, P148, P150, P151, P153, P154

感謝名單
感謝書裡出現的所有酒莊提供照片以及文字上協助，同樣，也感謝所有與本書合作的相關機構，無私爲本計畫提供豐富的資源，以下爲合作單位：
Ayuntamiento de Alfaro (La Rioja), Ayuntamiento de Almendralejo (Badajoz), Ayuntamiento de Badajoz, Ayuntamiento de Cádiz, Ayuntamiento de Calahorra (La Rioja), Ayuntamiento de El Puerto de Santa María. (Cádiz) Jorge Roa. Fotógrafo municipal, Ayuntamiento de Elciego (La Rioja), Ayuntamiento de Guadalupe (Cáceres). Fotografías de Gabriel Sánchez Olmeda y Cristina Muñoz Bautista, Ayuntamiento de Jerez de la Frontera (Cádiz), Ayuntamiento de Mérida (Badajoz), Ayuntamiento de Nájera (La Rioja), Ayuntamiento de Roa (Burgos), Ayuntamiento de San Esteban de Gormaz (Soria), Ayuntamiento de Sant Sadurní d'Anoia (Barcelona),

Gracias !

Ayuntamiento de Toro (Zamora), Ayuntamiento de Trujillo (Badajoz), Ayuntamiento de Vilafranca del Penedés (Barcelona), Ayuntamiento de Villafranca de los Barros (Badajoz), Ayuntamiento de Zafra (Badajoz), Ayuntamiento de El Vendrell (Tarragona), Cámara Municipal de Beja (Alentejo), Cámara Municipal de Castro Verde (Alentejo), Cámara Municipal de Estremoz (Alentejo), Cámara Municipal de Évora (Alentejo), Cámara Municipal de Melgaço (Alentejo), Cámara Municipal de Mertola (Alentejo), Cámara Municipal de Oporto, Cámara Municipal de Portalegre, Fundación Las Edades del Hombre, Ayuntamiento de Sitges.

國家圖書館出版品預行編目 (CIP) 資料

西班牙與葡萄牙經典酒莊巡禮 / José María
Vicente Pradas 著 . -- 初版 . -- 新北市：
木馬文化出版：遠足文化發行 , 2019.10
　面；　公分
ISBN 978-986-359-717-9(平裝)
1. 葡萄酒 2. 酒業 3. 西班牙 4. 葡萄牙
463.814　　108014423

西班牙與葡萄牙經典酒莊巡禮

作　　者	José María Vicente Pradas、許家銘
譯　　者	金鑫、馮丞云、陳伊莎、莊亞蘋
社　　長	陳蕙慧
副總編輯	李欣蓉
編　　輯	陳品潔
美術設計	謝捲子
地圖提供	Francisco M. Morillo
插畫繪製	Nic 徐世賢
行　　銷	姚立儷、尹子麟
讀書共和國集團社長	郭重興
發行人兼出版總監	曾大福
出　　版	木馬文化事業股份有限公司
發　　行	遠足文化事業股份有限公司
地　　址	231 新北市新店區民權路 108-3 號 8 樓
電　　話	(02)2218-1417
傳　　真	(02)8667-1891
Email	service@bookrep.com.tw
郵撥帳號	19588272 木馬文化事業股份有限公司
客服專線	0800221029
法律顧問	華洋國際專利商標事務所　蘇文生律師
印　　刷	凱林彩印股份有限公司
初版一刷	2019 年 10 月
定　　價	460 元